软实力

Soft Abilities

成为精英的必备素质

任丽 著

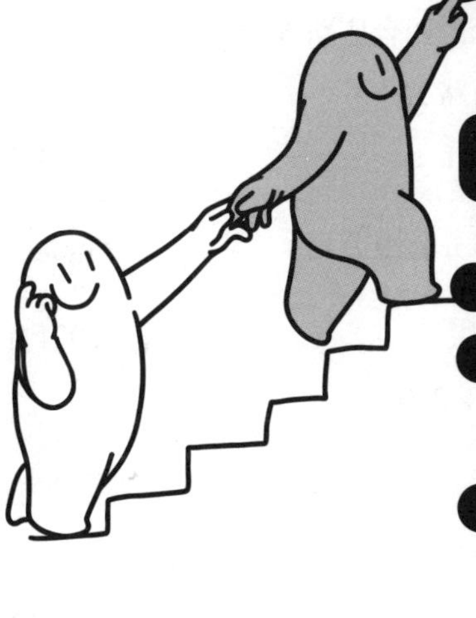

大连海事大学出版社
DALIAN MARITIME UNIVERSITY PRESS
北京理工大学出版社
BEIJING INSTITUTE OF TECHNOLOGY PRESS

©任丽 2024

图书在版编目(CIP)数据

软实力:成为精英的必备素质/任丽著.--大连:大连海事大学出版社;北京:北京理工大学出版社,2024.12.— ISBN 978-7-5632-4657-1

Ⅰ.B848.4-49

中国国家版本馆 CIP 数据核字第 2025QQ1538 号

北京理工大学出版社	出版发行
大连海事大学出版社	
地址:北京市丰台区四合庄路 6 号	邮编:100070
大连市黄浦路 523 号	116026
电话:010-68944451	0411-84729665

三河市中晟雅豪印务有限公司

2024 年 12 月第 1 版	2024 年 12 月第 1 次印刷
幅面尺寸:145 mm × 210 mm	印张:9.25
字数:204 千	印数:1~3000 册
责任编辑:刘若实	责任校对:陶月初
封面设计:仙　境	版式设计:皓畅文化
策划编辑:鲁　伟	文稿编辑:李慧智

ISBN 978-7-5632-4657-1　　定价:69.00 元

前言 preface

  我们每个人都渴望成功，那么，成功的人身上究竟有着什么样的特质？哪些是成功所必备的要素？我想，每个人内心都有不一样的答案，甚至对成功的理解也是千差万别。

  首先，成功的定义是基于弗洛伊德对于健康人群的定义，也就是人有爱与工作的能力。在此基础上，笔者认为成功的要素包括拥有高质量的关系，如亲密关系、亲子关系以及职场关系等，以及拥有高成就，也就是能够在某一个领域创造价值，并被社会或他人所认可。高质量的关系与高成就之间本身也是相辅相成的。

  从关系与成就这两个维度来看，人需要具备爱的能力，爱自己与爱他人，才能建立和谐的关系，同时还需要具备思维能力与行动能力，这些都是一个人要想成功所需要具备的软实力，这些软实力是助力一个人从专业走向卓越的核心条件。

  作为一名心理心理咨询师，我接触过大量的来访者，并有机会对来访者的成长经历进行深入而细致的探索。我发现，早年不恰当的养育方法，给他们成人后的生活带来了很多潜在的障碍，让他们无法活出本应精彩的人生。比如，总是被父母批评打压而非常自卑；从小辗转在各种不同的养育环境中而缺乏安全感，无法信任别人；只被允许好好读书，而缺失了游戏的能力；父母经常相互指责争吵，在社会交往中不知道该如何与人沟通，如何理解别人……

他们很多人非常聪明，甚至不乏名牌大学毕业生，有的人明明拥有很多资源，甚至很有天赋，却无法创造更大的价值，或者总是在临门一脚时遭遇滑铁卢，无法获得高质量的关系或者高成就，这十分令人惋惜。他们身上似乎欠缺了某些必备的能力，我们把这些必备的能力称为一个人的软实力。

我将软实力总结归纳为四个重要的组成部分：心理能力、思维能力、行动能力和社交能力。

心理能力是所有能力的基础，它包含一个人的稳定力、自控力、抗逆力、游戏力、灵活力以及担当力。内在的稳定力与安全感，让一个人可以信任他人与这个世界，拥有向外探索的勇气，衍生出创新的能力以及与他人建立关系的能力；自控力让自律成为个人的一种习惯，从而使人产生追求目标的行动力；抗逆力让一个人可以积极面对创伤与困顿，从挫折中获得宝贵的经验，获得复原力；游戏力让一个人有了玩耍的能力，让人生变得更丰富有趣；灵活力可以让一个人更具弹性，灵活变通，从而更好地适应复杂多变的环境；担当力让一个人可以接纳那些无法改变的部分，接受自己以及他人的局限性，同时勇于承担责任，努力改变那些可以改变的事物。

思维能力决定了一个人的格局，以及可以抵达的人生高度。家庭养育的方法，决定了一个人的思维是保持开放，还是处在一个封闭系统中。一个人保持开放的思维系统，就会对外部世界怀有好奇心，具有较强的感受力与洞察力，并且可以专注在自己感兴趣的事情上，通过逻辑归纳能力，对未来做出合理的预期与判断，不断地创新。而一个人处于封闭的思维系统中，则可能会囿于某种固定化思维，很难做出改变。

有了想法，还需要具备行动能力，推动事物向前发展，这就需要具备执行力、输出力、整合力与推动力，避免内耗，最终达成目标。

而在执行过程中，往往需要团队合作，此时则需要较高的情商，促成团队成员的精诚协作，那么共情力、沟通力、连接力以及影响力则是必不可少的，这就需社交能力。

基因与环境对一个人的影响哪一个更重要？身体是父母提供的硬件系统，排除一些先天性的缺陷，一个人的成长与成就其实更多的是受到软实力制约的。软实力就像加装在我们身上的后天开发的软件，帮助我们运转更顺畅、更高效，并且创造更多的可能性。

那么，这些软实力是如何被我们后天习得，并且被我们所利用的呢？本书将以个体发展的视角，来审视在一个人的成长过程中，尤其是从出生到青春期，软实力是如何被培养和塑造的，又是如何影响一个人的成就以及未来生活的。当然，从终身发展的角度来看，我们在成年期仍然有机会通过自我成长来塑造自己的软实力，成为自己想要成为的人，登上自己想要抵达的高峰。

目录 Contents

第一章 心理能力

稳定力：获得安全感的力量 / 003

自控力：锁定目标、平衡欲望、管理情绪 / 018

抗逆力：从容应对困难，修复创伤 / 030

游戏力：身心放松与享受生活 / 041

灵活力：对复杂情境以及不同观点的应变力与弹性 / 050

担当力：接纳自己与他人的局限性，承担责任并改善现状 / 061

第二章 思维能力

感受力：在观察与体验中感悟世界的多样性 / 073

专注力：深度思考、学习与工作，走向专精下的量变到质变 / 084

逻辑力：理清思路、化繁为简、精准表达、解决问题 / 096

预见力：预见未来发展与潜在危机 / 106

判断力：质疑与批判性思维，做出最优决策 / 117

创造力：从0到1的突变，创造1+1>2的效果 / 129

第三章 ▎行动能力

执行力：战胜拖延、克服困难并持续行动 / 145

输出力：从知道到做到，知行合一，学以致用 / 158

整合力：发现并充分调动内部与外部优势资源，实现

价值最大化 / 174

推动力：自我驱动，协同他人达成目标 / 191

第四章 ▎社交能力

共情力：设身处地去感受与理解他人，并给予恰当的回应 / 209

沟通力：精准交换信息，解决分歧，化解冲突 / 227

连接力：创建跨行业、跨领域、跨专业的关系网络 / 245

影响力：言行、品格与态度，是最好的影响力 / 260

参考文献 / 277

第一章 心理能力

稳定力：获得安全感的力量

"稳定"实际上是一个物理学的名词，它是一种结构，如果用它形容心灵，那么塑造一个稳定的心灵，就像建造一座房子，不仅地基要打得扎实，最好还要有四根稳固的柱子来做支撑，才能更好地抵御来自四面八方的风暴。

稳定会给一个人带来什么样的感觉？安全与信任。当一个婴儿因为饥饿或者恐惧而声嘶力竭地哭喊时，妈妈及时地出现，并把他轻轻地抱起来，拍拍他的后背，双眼温柔地凝视着他，微笑着对他说："宝宝别怕，宝宝别急，妈妈来了，妈妈在这儿呢。"婴儿就会平静下来。妈妈成为一个有爱的客体而且稳定地存在，并能及时满足婴儿的需要，婴儿就会感到这个世界是友好的、安全的，他对外界也就逐渐有了信任感。

稳定力是什么?

稳定的结构会有一种确定性,也就是事物会朝着预想的方向发展,即使是糟糕的结果,在发生之前也已经有了铺垫,使人有了心理准备。

具有稳定力的人会给人踏实、靠谱的感觉,他沉得住气,扛得住压力,临危不惧的态度会给人安稳的感觉,让人们从混乱的情绪中抽离出来,从而专注于当下需要努力去做的事情。在一个团队中,具有这种特质的领导者就像一根定海神针,能够让团队保持稳定的运转。

形成这种内在稳定力的源头来自我们的家庭。孩子学会走路后,他会对外面的世界非常好奇,会尝试挣脱妈妈的怀抱,不过,他在走几步之后会回头看,确定妈妈是否还在那里。如果妈妈还在原地并且远远地看着他,并且与他有眼神的互动,孩子就会安心地继续往前走。

这个情景其实会贯穿我们一生中所有与分离有关的情境。比如,在上幼儿园时,孩子第一次离家,内心会极度焦虑与不安,但当父母告诉孩子,自己会在约定的时间准时出现,并把孩子接回家时,他们就可能从烦躁的情绪中平静下来。当父母真的可以每天保持着这样的规律时,孩子的内心也就越来越稳定,越来越淡定。

我们在成年离家后,内心会有一盏母亲留下的灯,它照亮了我们归家的路。当在外面经历了挫折,或者极度疲惫时,我们回到原来温暖的家,就像在给自己注入精神能量,休整后重新出发。

有人会把家庭比作一个人一生的安全基地,实际上这是内化了的内在安全感的来源。只有这个基地足够牢靠，一个人才会有冒险的能力，也才能飞得更高、飞得更远，拥有更大的空间与创造力。

恋爱时，我们期待着激情与浪漫，而真正走进婚姻后，无论是男人还是女人，往往更需要彼此承诺所带来的联结感与安全感，正如在婚礼上的誓言：我愿意与你相伴一生，无论贫穷与富裕，无论健康与疾病，始终如一，不离不弃。

追求新奇是人的天性，但追求稳定是人的本能。唯有稳定，人类才有机会存在并繁衍。人类从游牧到定居下来，验证了稳定对于种系发展的重要性。

人们如此渴望稳定，尤其是稳定的关系，其实是在防御强烈的死亡焦虑与生存焦虑。一段若即若离的关系会触发焦虑，让人抓狂，这是因为我们害怕重要客体的消失。客体以及客体爱的丧失，会使我们有种被掏空的感觉。重要客体消失也就意味着在意你、见证你生命的观众消失了，你会觉得自己变得毫无价值，"你"也就不复存在了。

这也是有些人宁愿忍受一段糟糕、令人痛苦的关系，也不愿意离开的原因。因为在某种程度上来说，没有关系比糟糕的关系更可怕。痛苦让人有活着的感觉，同时，内心有一个人，一个一直可以牵挂的人，在幻想层面，他会认为自己是"稳定"的。

稳定包含了什么？

人格的稳定

人格的稳定呈现一种连续性与一致性，即人格中的主轴呈现出一致性，但又会因环境的变化而具有弹性。弗洛伊德认为在6岁以前一个人的人格就基本成形了，也就是一个人的核心自我已经建立。我们可能会在后来的社会化过程中积累很多应对人际交往及环境的经验，不过，它们都根植于这个核心自我之上，包括伪装，或者防御。

在生活中，人们可能也会因不同的社会角色而呈现自己不同的子人格，但是主人格能保持基本的稳定，能驾驭与协调各个子人格之间的冲突，从而获得内在的平衡。

人格的连续性，呈现的是一种线性发展的历程，会有一种清晰的脉络，而不是由碎片化的、孤立的子人格拼凑在一起的。在那些没有自我的人身上，我们很难看到这种人格的连续性与统一性。

为了理解人格，大五人格理论把人格分为外向性、开放性、宜人性、尽责性、神经质，也就是人格在整体上会表现出某一特定倾向。那些缺乏核心自我的人，就会时时呈现外向性，时而又显得非常内向；时而具有很强的亲和力，时而又表现得非常疏离与拒绝；时而会为某件事情非常上心，表现出超强的责任感，时而又放任自流，甚至不想为自己负责。这样的摇摆，也会造成其人际关系的困难。

举个例子，一个女生在与朋友初次相识时表现出了极高的开放性与热情，给朋友留下了外向的印象，朋友也喜欢她阳光的样子。而在继续交往之后，这个女生却经常表现出回避、拒绝，那么该朋友就会顺理成章地发展出一种新的交互模式。不过，在这之后，该女生会发现自己的这套模式好像错了。假如这位朋友本身具备灵活性，她会去做出调整，比如，用理性、克制的态度去互动，这样可以让彼此更舒服一些。不过，这个女生并没有觉察到自己的变化，反而感受到对方是冷冰冰的，她也会感到挫败。而这种交互方式，需要两个人都有着某种人格上的稳定性，否则就会陷入极度混乱中，彼此都无法理解对方，也就很难做出共情性的回应。

现在很多人想建立个人品牌，实际上就是凸显自己的某一个或者几个重要的特点，打造自己的人设，从而吸引与自己同频的人。在人际交往中，同样需要建立一个统一的、稳定的自我印象，否则就像一个人每次都戴着不同的面具，让别人很难认识他，而在这样的不断变化中，对自我的认识也是混乱的。这种混乱感会使自我更加困惑与迷茫：自己想要的是什么？自己渴望的关系是什么样的？自己未来将去向何方？这些都是不清晰的，人生也就失去了方向与意义感。

情绪的稳定

大脑中某些特殊的化学物质对情绪的稳定起着非常重要的作用。雌激素与孕酮这两种激素的失衡可能导致失眠、焦虑和偏头痛，雌激素对大脑有兴奋作用，而孕酮则有镇静作用，有助于放松和睡眠。5-羟色胺被称为幸福激素，其分泌不足容易导致情绪低落、食欲不振以及抑郁，治疗抑郁症的药物就是添加了5-羟色胺，而冥想也是通过抑制应激反应区域的活性来增加5-羟色胺的产生。另外还有一些化学物质，如多巴胺会形成某种奖励机制，让我们获得精神上的满足感；而内啡肽则可以减少疼痛，让我们获得愉悦感。

情绪稳定是情商的一个重要组成部分。情绪稳定不是没有情绪，而是可以用更为成熟、更有创造性的方式去表达情绪，对情绪有觉知。情绪有时就像容易脱缰的野马，但是一个情绪稳定的人可以控制野马的缰绳，驾驭它，并适时地做出调整。

著名社会心理学家乔纳森·海特（Jonathan Haidt）在《象与骑象人：幸福的假设》这本书中提到，人的理性其实非常依赖复杂的情感，因为只有当充满情绪的大脑运作顺畅时，理性才得以运转。而那些总是处在情绪风暴中的人，往往也丧失了思考的能力。

情绪的不稳定会影响我们生活与工作的方方面面。过于情绪化，会给人际关系带来极大的困扰，可能会间接导致职业发展受限或者失去某些资源与机会，从而阻碍一个人获得更高的成就。

在多年的心理咨询中，我接待了大量受情绪困扰来求助的人，他们很容易被激怒而出现冲动行为，事后又会懊悔不已。不受控制的情绪不仅给身边的人带来痛苦与伤害，也让当事人内疚与自责，甚至会因为自己的不理智行为所造成的后果而付出沉重的代价。

在成长过程中，如果被情绪不稳定的双亲养育，孩子可能会长期处在惊恐的状态下，这会导致其缺乏安全感、极度胆怯与自卑，也会出现情绪冲动及情绪控制方面的问题。比如，父亲经常无缘由地发脾气甚至家暴，但在情绪风暴后又会和颜悦色，这种矛盾的情绪也会让孩子产生非常复杂的情感，有种爱也无法爱，恨又无法恨的无力感，也无法去表达自己的愤怒。

关系的稳定

长期稳定、亲密并且深入的关系，是一个人幸福的来源，它让我们不再孤独，并从中获得心灵的滋养与个人的成长。

据统计，那些拥有幸福婚姻或者长久亲密关系的人，比那些单身人士在事业上更为成功，也更长寿，而且，亲密关系越好的人，睡眠质量也越高。反之，一段痛苦的、敌对的，甚至存在虐待的关系，会导致压力的增加，让人更容易患上抑郁、焦虑或者各种心因性的躯体疾病，从而对人的心理以及生理健康造成严重影响。

亲密关系是一个人一生中最重要，也最需要长期经营的关系，广义上的亲密关系包括亲子关系与伴侣关系，而亲子关系是一切关系的基础。父母与孩子之间的互动关系，成了一个人未来人生中的关系模板，父母之间是如何解决分歧的，他们是如何在索取与付出中取得平衡的，他们是如何表达情感的，在应对家庭或个人重大危机事件时，他们又是如何通力合作的，这些都会潜移默化地影响孩子。

那些长久稳定的亲密关系往往具备下面几个特点：第一，能建立彼此信任的关系，这是解决矛盾与冲突的基础；第二，具备解决分歧以及进行合作的能力，这是解决冲突的关键；第三，具备共同的人生观与价值观，这是两人共同的理想与目标，也是携手向前的动力。

自我价值的稳定

自我价值是一套自我评价系统，也就是对自我有较为客观的了解，知道自己具备什么样的人格特质，在自我的发展过程中有什么优势，又存在着哪些局限性。这个"客观"包含两个部分，即内部的客观性与外部的客观性，并且内部与外部的评价基本保持一致。

举个例子，一位女性在职场通过多年的打拼，做到了总经理的职位，收入甚至超过了她的丈夫。不过，在家庭里，她的丈夫却对她有颇多不满，抱怨她不会做家务，没有教育好孩子，不会搞人际关系等，这让她觉得自己既不是一个好妻子，也不是一个好妈妈，是一个失败的女人。从她的职业上看，外部评价是非常正向的，她是一个有能力的职场女性，一个成功的管理者，而家庭内部评价却是非常负面的，让她觉得自己是一个很差劲的女人。

因为内部评价与外部评价有着很大的差距，这位女性就很难形成客观的自我价值评判。而这种忽高忽低、不稳定的自我评价往往源于对自我没有清晰的认知，更多的是参考外部评价。很多时候我们无法左右外部评价，因为每个人都可以基于自己的理解而给予他人评判，这就会产生偏差。实际上，这位女性的丈夫自己在职场上比较失意，内在的自我挫败感可能导致他需要通过贬低妻子而在家庭中获得自尊，而如果妻子非常在意丈夫对自己的评价，那么她就会经常自我怀疑，并且会有强烈的低价值感。

心态的稳定

心态的稳定常常作为心理素质的评估要素。比如，一个学生平常考试成绩都名列前茅，一遇到特别重要或者重大的考试就会焦虑，发挥失常，这就说明这位学生的心理素质较差。一个运动员在重大比赛时总是可以稳定发挥自己的水平，甚至在承受巨大压力的情况下，超水平发挥，保持一个非常稳定的心理状态，而不受现场的比赛氛围、对手的水平以及其他因素的影响，这说明这个运动员的心理素质非常好。

巴菲特和查理·芒格一直坚持价值投资，他们决定买入一家公司的股票后，即使短期内根本看不到这只股票的价值，也不会被市场情绪或者他人的评价所左右。相较于普通投资者的追涨杀跌，巴菲特则在看好某只股票之后，越是下跌，越是买入，这正得益于他稳定的投资心态，从而避免了非理性投资。

如果我们将人生当作一场马拉松，不那么急功近利，是否心态也会更加平和，不再那么焦虑了呢？比如，孩子在小学三年级时数学不及格，你当时觉得天都快塌下来了，但如果放在人的一生来看，这次不及格真的有那么严重吗？所以，人生同样需要长线思维以及价值投资，也就是我们所有的时间、精力、金钱的投入要集中到实现自我的价值上来。

对于稳定，其实还有很多层面可以去探讨，比如，职业上的稳定性。如果一个人频繁跳槽，可能就会给用人单位留下不太好的印象，让人感觉他不够踏实，没有耐心，不愿意在某个领域深耕，就无法积累相关领域的经验、资源与人脉等。自媒体人Angie在个人品牌建设方面小有名气，她在分享自己的成长经历时就讲道，从第一份工作开始她就非常用心地维护自己的个人品牌，把工作做到极致，超出老板的预期。这让她无论在公司还是行业内都获得了好口碑，这种工作态度为她未来的职业发展奠定了坚实的基础。

稳定力在早期的养育中是如何被塑造的？

稳定的客体关系

出生以后的前6年，是一个人人格发展最重要的6年，也是建立安全的依恋关系的关键期。在这个时期，有一个稳定的依恋对象，如母亲，是一个人形成健全人格的基础。

在心理咨询中，我发现，创伤发生的阶段越早，心理疾病就越严重，也越难以修复，而出生后被抛弃、频繁更换养育者、与养育者之间不断重复分离，都会给孩子造成较为严重的创伤。

留守儿童是一种特殊的社会群体，即父母因为生活所迫抛下孩子去外地打工，孩子由年迈的爷爷奶奶抚养等。有关调查显示，留守儿童性格偏内向、自卑、孤僻、冷漠，且难以与其他人建立信任关系，部分儿童还有人格障碍。当父母与孩子不断重复相聚—分离—相聚—分离时，孩子为了不再体验到分离的痛苦，往往采用回避或者情感隔离的方式来保护自己不再受到伤害，而这就会影响他们未来的人际关系。

稳定的养育环境

英国心理专家唐纳德·温尼科特（D. W. Winnicott）曾经提出了"环境母亲"的概念，它指的是母亲为婴儿营造了一种安全抱持的环境，这是在孩子从子宫分娩出后，母亲为孩子再造的一个"子宫"，让脆弱的婴儿得以生存下来。

婴儿在离开母亲温暖舒适的子宫后，会对外部世界充满恐惧与焦虑，对环境的要求也非常高，而母亲安定的情绪、温柔的怀抱，以及恰当的回应，就为婴儿创造了一个安全稳定的环境。

观察发现，那些频繁搬家，或者经常转学的孩子，或多或少都会出现适应问题，也很难与人建立深入的关系。即使幼小的孩子也是需要玩伴的，而当孩子好不容易有了朋友，却又不断面临着分离与丧失，重新结交新的朋友就会变得更为困难。频繁变换环境，会让孩子的内心有动荡不安的感觉，也会让孩子处在混乱无序的状态中。

稳定的父母情绪

经常处在父母的情绪风暴中的孩子，就像生活在白色恐怖中，他不知道责骂何时会落到自己身上。有时，年幼的孩子还不得不承接父母的情绪，成为父母情绪的照顾者，这会极大地破坏孩子的安全感。

假如孩子不得不承接父母的情绪，变成了小大人，反哺父母，他们就无法顾及自身的发展，从而丧失心理发展与发育的重要机会。按照美国著名的精神科医生埃里克森（E. H. Erikson）的人生八阶段理论，孩子可能因此而无法完成每个阶段的心理发展任务，他们不得不跛足前行，换句话说，也就是他们需要付出更多的努力才能达到普通孩子很容易就达到的成就。

情绪稳定的父母则会给孩子营造出一个安定的内在心理环境，让孩子感到自己被庇护，有支撑，孩子在出现情绪问题时，可以从父母那儿获得支持和理解。同时，父母管理自己情绪的方式、方法以及能力，对孩子的情商发展也会具有良好的示范效应。

稳定持续地获得满足

在生命的最初，也就是0~1岁这个阶段，父母会尽力满足婴儿的各种生理需要，有的妈妈甚至可以区分孩子不同的啼哭信号，来给予孩子恰当的满足，与孩子同频。

在咨询中，我常常会遇到那些产后抑郁的妈妈，她们没有精力回应婴儿的需要，或者无法调整自己去适应角色，这就会让孩子感到无比挫败。新手妈妈可能刚开始奶水不通或者不足，婴儿吸吮乳头非常费力；或者婴儿肚子饥饿的节奏与妈妈产奶的节奏不匹配，这时妈妈可能就会放弃喂奶。孩子会因此而失去与妈妈皮肤的接触，而这恰恰是孩子早期与妈妈建立亲密关系的重要时机。婴儿能在妈妈的怀抱中吸吮乳汁，闻到妈妈的味道，听着妈妈心跳的声音，无论在生理上，还是心理上都会获得安全与满足感。

当婴儿有了更多的清醒时刻，他便开始对外界产生好奇。而外界的声音、画面对孩子都是一种信息刺激。孤独症，除了与遗传因素有关外，也与早期生长发育阶段的刺激不足有关。这个时候，当婴儿面对的是一个寂静无声的世界，或者没有回应的世界，他就会转向自身，将自己完全封闭起来。

很多父母会担心过度满足、溺爱孩子，不利于孩子的成长，而常常拒绝，或者延迟满足孩子的需要。但是实际上，恰恰是因为早期阶段没有被满足，孩子才会更为执着。而那些曾经被满足过的孩子，更能够容忍延迟满足，或者更愿意接受规则与限制，在限定中获得满足。

那些执着于被认可、被爱的孩子，在成年后回顾他们的成长经历，往往会发现他们孩童时的需求从未得到过满足，内在的匮乏让他们总是向外求，求而不得体验到的始终是挫败，这就使他们更难以建立起自尊。

在心理咨询中，心理咨询师如果能够像淘宝一样，不断地与来访者一起去挖掘他内在的资源，让来访者可以被看见、被肯定，不断积累积极、正向的体验，则来访者对自我的认识也会在体验中逐渐改变，这实际上是在有设置、有边界地获得某种满足，从而发展出爱与自爱的能力。

如何有意识地培养稳定力

建立安全基地

很多心理技术都是在帮助我们建立内在的安全基地，如安全岛技术、保险箱技术、着陆练习、冥想等。

身安才能心安。创造一个让自己身心安定的外部环境，这是最简单、直接的方法。曾经有位30岁的男性来访者告诉我，在他上大学的时候，女朋友给他买了一件厚厚的羽绒服，这是他第一次在冬天穿上这么暖和的衣服，他才发现这么多年来自己居然都不知道冷暖，从来没有好好关照过自己，结果身体总是处在一种极不舒服的状态。现在，他会去整理房间，穿着舒适的衣服，尽量给自己营造一个令自己舒服的环境，他的焦虑值下降了。

我们的不安与焦虑，实际上是对未发生的事情所产生的担忧，减轻焦虑最重要的方法是让自己回到当下，活在当下。有些经历过灾难的幸存者，因为自己过去的恐怖经历造成了安全感的崩塌，这时更需要不断地确定当下是安全的。而着陆练习就是通过呼吸放松，把人拉回到此时此地，让身体去感知环境是安全的，从而获得内在的安定感。安全岛技术则是帮助人们在内心建立一个理想化的岛屿，当人们感到害怕时，可以想象自己暂时栖息在这个岛上，不会被打扰，从而不让自己被恐惧淹没。

有规律地生活

咨询时,很多来访者的生活已经完全失控,自己也处在极度的混乱之中。曾经有一位刚刚生完二胎的女性来访者,丈夫失业了,而在这个节骨眼上,其父亲又要做一个大手术,这一系列的事件让她应接不暇,感觉每天都处在手忙脚乱中,因此而抑郁了。

从混乱状态恢复到有序状态,是改变的起点。此时,我们需要区分哪些是可以改变的,哪些是无力改变的,而将精力专注在那些可以改变的部分,暂时搁置那些无法改变的部分。例如,可以让自己努力保持原来的生活节奏,即使早上不想起床,也尽量准时起来,让自己的身体先动起来,规划好一天的活动,这样就会逐渐找回有序的状态。

回到原先熟悉的轨道上来,按时起床、按时上班、按时睡觉、按时阅读、找机会与人交谈,这些都会帮助自己重新获得生活的掌控感。当很多事情可以按照自己预想的方式开展时,稳定感与安全感就会回来。

建立稳定持久的关系

在无助时,我们总是希望有一个人可以倾听,可以在需要的时候支持并鼓励我们,而稳定持久的关系往往能满足这样的需要。

试想一下,是否有那么一个人,可以在深夜接听你的电话?愿意听你倾诉?我们当然不会频繁打扰别人,甚至可能永远也不会这样做,但是有这么一个人的存在,是不是会安心很多?

当我们从小在安全、安定的环境中被养育,并且大多数时候可以从父母那里获得心理上的满足,就会学着去信任他人,这就奠定了与他人建立稳定、持久关系的基础。这里好像有一个悖论，因为我们恐惧才需要关系，但又因为匮乏，无法建立关系，似乎形成了一个死循环。而建立一段咨询关系，从这种较为安全的亲密关系出发，获得新的经验，学到与人建立亲密关系的技能，或许会在现实层面给其他关系带来改变。

自控力：锁定目标、平衡欲望、管理情绪

自控力是一个人自主控制、自觉地调节和控制自己的思维、情绪以及行动的能力。自控力强的人，能够适时地设定自己的短期、长期目标，平衡自己的欲望，克服困难与阻碍，理性地对待发生在自己身上的事情，并且可以按照自身想法积极行动，成为驾驭自己生活与事业的主人。

观察发现，那些最终能够实现自己理想，收获多彩、幸福人生的人，往往具有很强的自控力，这种自控力并非表现为一种自虐式的坚韧，而是具有弹性与适应性的，享受挑战的过程，通过征服困难、征服自己，而获得自我认同感与自我价值感。

吉田穗波，一位5个孩子的妈妈，边工作边学习，居然考上了哈佛大学。在国外留学期间，她还出版了两本畅销书。想象一下，养育2个孩子，我们可能都很难做到工作与家庭兼顾，每天过着鸡飞狗跳的生活，而作为5个孩子的妈妈，她又是怎么做到学业、家庭、工作都没耽误的呢？

这其实就得益于她超强的自控力以及卓越的时间管理能力。她每天凌晨三点起床，利用孩子们还没醒来的时间复习，用上下班的通勤时间看书，晚上边干家务边练习听力，周末则陪着孩子们去图书馆。她恨不得把时间掰成两半用，时间管理也精确到了15分钟。她设定了出国读书的目标，硬是在半年时间内拿到了哈佛的录取通知书。她每一天的行动，都是在向梦想进发。

相反，有些人却会常常处在一种失控的状态。我的一位来访者因为异常焦虑找到我，而那时，她觉得自己的生活简直是一团糟，她已经无法走向正轨。每天都有一堆的工作等着她，她总是要等到最后才草草完成，晚上会一直刷手机到深夜，根本就停不下来。事后她又非常懊悔自己浪费了宝贵的时间。第二天好不容易挣扎着起来，结果精神萎靡，情绪低落，导致工作效率又非常低，还经常出错。这种长期的恶性循环，让她自卑而纠结，不断地自我谴责，想要改变又觉得无力改变，有想法却很难积极行动，完全无法掌控自己的生活。缺乏自控力会降低我们的自我效能感，让我们越发觉得自己不行。

拥有自控力的人，会更容易活出自我。当我们可以控制自己的注意力、情绪、行为时，就会保持着一种有节律的生活，从而深刻地影响我们的安全感、自我认同感、成就感以及身体的健康水平。

关于控制的心理发展

我们首先从心理发展的角度来看看一个人的自控力是如何形成的。

因为在婴儿早期，一个人无法控制自己的身体，需要完全依赖养育者才得以存活，此时他们会发展出一种无所不能的幻想，那就是我控制了妈妈，也就控制了整个世界，这种以自我为中心的意识，就是控制的雏形。

弗洛伊德把一个人的心理发展分为口欲期、肛欲期以及俄狄浦斯期，而第二个阶段肛欲期，实质上就与控制有关。在2岁左右，在身体上，一个人可以更好地控制自己的肌肉，可以行走、抓握；在生理上，一个人学会了控制自己的大小便；在心理上，一个人有了自主意识，可以区分"我的、你的"，喜欢说"不"，这就是自控能力的萌芽。

到了青少年期，一个人会期待有更多的自我空间，但又因为经验上的不足和思维局限性，以及不具备养活自己的能力，内心存在着独立与依赖之间的矛盾。人总是期待自己具有更多的掌控感，渴望拥有更大的自主权，这也是我们经常提到的青春期叛逆的底层驱动力。叛逆本身也是一种权力的争夺，以确定自己的边界，保护好属于自己的地盘，让自己在可控的范围内拥有绝对控制权。

在一个人成长的过程中，父母通常会占据主导位置，而过度地控制，则会侵犯孩子自我管理与控制的空间，容易使其将自我管理的权力让渡给父母，这也是很多人没有自控力的根本原因。

孩子在长期的"驯养"过程中，学习与生活习惯都是在父母的督促下养成的，他就很难为自己的行为负责任，往往会把本属于自己的责任交给父母，例如，学习、写作业、锻炼身体等事项，孩子可能会变得更为被动、爱拖延。

自控与他控其实是相辅相成的。在孩子很小的时候，我们就需要在有保护的范围内给予孩子一定的自主权,在确认了孩子可以胜任后,父母可以逐渐地放权,也就是释放一些孩子自主发展的空间,包括允许孩子有自己的私人领地,允许孩子拥有自己的秘密,允许孩子犯错,允许孩子打破规则等。当他控的部分越来越少,自控的能力就会越来越强。

有一位14岁的初中女孩因为厌学来找我咨询,她就提到自己最不喜欢父母督促、安排自己的学习,本来喜欢的东西,一旦被人强加,就会感觉索然无味,非常抗拒。父母对孩子缺乏信任,不太相信孩子真的可以管好自己,他们过多地干涉孩子,反而会让孩子对学习更加厌恶。

我也曾经问过自己的儿子:"你这么喜欢打游戏,未来找一份与游戏有关的工作如何?"他说:"我可不想毁了自己的爱好,当它成为一份工作时,我从中获得的乐趣就会消失。"

所以,父母的控制,可能会毁了孩子沉浸在某件事情中的快乐,而快乐是激发一个人内在动力的助推器。

人们为什么无法控制自己?

斯坦福大学凯利·麦格尼格尔(Kelly McGonigal)博士在《自控力》这本书中,从神经科学、心理学、经济学和社会学四个方面分析了人们为什么无法控制自己。

脑神经科学研究发现,大脑皮层的前额叶中包含了三个分区,第一个分区主导的是一个人的梦想与目标,也就是我想要得到什么,例如,想达到减重20斤的目标;第二个分区主导的是克服困难的驱动力，也就是我要怎样做才能达到目标，例如，每天锻炼、少吃主食等；第三个分区主导控制诱惑，也就是克制那些与达成目标不一致的行为。这三个分区就形成了一个整体的控制系统，去抑制冲动，从而达到自控的目的。当诱惑的力量足够大，冲动控制的能力不足，人们就会失去控制力。

在生理层面，人的本能是寻求感官的满足，比如，对于一些人来说，赌博、网络游戏能给他们带来感官上的快乐，但是这种满足会伴随着多巴胺的分泌停止而很快消失，为了持续获得这种感觉，人们就可能加大刺激的力度，如赌博的金额越来越大，游戏的时间越来越长，从而出现成瘾行为，这些都会使人的自控力越来越弱。

控制行为很多时候是与这种快乐的满足背道而驰的，例如，我们为了达到减肥目的，会控制饮食。当坚持了一段时间后，我们可能会给自己一些道德上的许可，允许自己偶尔放纵一下，满足一下口腹之欲，如此减肥也许就前功尽弃了。

在心理层面，当一个人自我感觉良好时，这种内在的奖赏机制会促进其更加自律，但也可能会因为自我控制过度，过分压制欲望，或者因为前面取得了一些成果而有所懈怠，从而出现反弹。

不过，这或许也是人内在的一种调节机制，也就是自我约束过于紧绷，适时地停下来，以便积蓄力量与惰性或者欲望做斗争。另外，当自我感觉很糟糕时，因为未获得正向的反馈，人容易陷入恶性循环，最后不得不放弃。例如，孩子无论怎么努力都无法提高成绩，最后干脆就破罐子破摔，直接放弃努力了。

在行为层面，一个人很容易从众。因为别人都是这样做的，随大流是比较简单的选择。但在现实中，只有那些少有人走的路才更容易成功。走出异于常人的一条路，显然需要克服群体所带来的压力。比如，你正在减肥，计划晚上是不吃饭的，结果一帮好友邀请你参加聚餐，你不好拒绝，大家吃得很开心，你也被当时的气氛所感染，放弃了之前的原则。小孩子在行为习惯的可塑性方面更强，也更容易受到群体的影响，比如，孩子们下课总是谈论某个好玩的游戏，这引起了从来不被允许打游戏的孩子的好奇，他就会想方设法地去玩游戏，从而丧失自控力。

最后，从弗洛伊德的心理结构理论上来看，缺乏自控力实际上是自我功能不足导致的。弗洛伊德把一个人的心理结构分为本我、自我与超我。本我是遵从快乐原则的，满足的是生理需要；在社会化过程中，人们会发展出超我，也就是约束我们行为的力量，超我遵从的则是完美原则，包括道德、文化规范以及社会规范等。本我的需要与超我的约束出现冲突时，自我就需要出场来进行调和或者平衡。而当自我无法驾驭这两股力量，要么受到严苛超我的限制，要么受到无节制的本我欲望的驱使，都会导致自控能力的丧失。

自控力来自哪里？

有理想、有目标、有意义

理想、目标与意义是我们行动的内在动力。当我们被理想牵引，有切实可行的目标，并且实现目标的过程是有意义的，那么我们的自控能力就会显著提升。

人活着不能没有梦想。特斯拉公司的CEO埃隆·马斯克（Elon Musk）从小就对科学技术非常感兴趣，在大学期间他就思考着如何在互联网、可再生资源、太空探索这三个领域去改变世界。在进入斯坦福大学攻读材料科学与应用物理博士学位2天后，他决定离开学校创业。之后，他在网络支付方面的PayPal、电动汽车特斯拉、太阳能发电，尤其太空探索的SpaceX等方面都取得了很大的成就。他少年时期的梦想正在一步步地实现。

有了梦想，我们同时还需要切实可行的目标。管理学上有个SMART原则，代表目标的五个方面：第一，我们设定的目标需要具体化（specific），比如，5年内买一套北京二环以内的两居室；第二，目标是可衡量的（measurable），也就是设定量化指标，比如，订立一个5年计划，具体到每年、每月甚至每天需要完成到什么程度；第三，目标是可实现的（attainable），不宜过高，否则难以完成，变成了空想；第四，目标的关联性（relevant），目标的达成与什么有关，比如，在本职上升职或者在副业上投入，提高收入，那么达到这两方面目标需要提升哪些领域的技能与能力等；第五，目标是有时限的（time-bound），有长期目标，亦有短期目标。

另外，目标需要符合社会核心价值观及个人的价值观，或者目标具有使命感，完成这个目标会带来自我成就感与价值感，同时被社会群体所认可，它是一件很有意义的事情。乔布斯当时做苹果产品，目标就是用科技来改变世界，而这款产品的确改变了人们的娱乐、社交、工作等方式，给人们的沟通带来了颠覆性的改变，让世界连接得更为紧密，这无疑是极具开创性与革命性的成果。

梦想、目标与意义是形成一个人内在动力的核心，这种内驱力会让人主动控制与目标不一致的行为，从而走向自己希望的方向。

更多自主性发展的空间

自主性发展的空间，也是创造力的空间，就像水墨画中的"留白"，会激发人们的想象力。正是在这种创造力的空间里，人们的好奇心会促进自控力的发展。

朋友的儿子是个飞机迷，他现在刚刚上初中一年级，就把业余时间都投入飞机的研究项目中，而其父母也非常支持他这个兴趣爱好，甚至他有时因为研究过于投入而没时间写作业，父母也不会责备他。这个孩子不仅将世界上各种机型都研究了一遍，而且还自己画飞机结构图，分析每款机型的优劣，真的像半个专家了。在研究飞机这件事情上，孩子完全是凭兴趣自发地去行动，做自己喜欢的事情，自律就变成了非常自然的习惯。

稳定的情绪管理与控制能力

稳定的情绪管理与控制能力有着非常紧密的联系。我们可能有目标、有兴趣，也有内在强烈的动力，但在执行过程中常常会遇到情绪化的问题。在情绪高涨时会全力以赴，遇到困难也会咬牙坚持，而在情绪低落时，就完全丧失了行动力，放弃努力；在获得鼓励与认可时，更有能动性，在遭遇挫折时，就打了退堂鼓。这种靠情绪来主导的行动，往往不能获得稳定的输出和成果，反过来则会引发更强烈的焦虑，让人陷入自我否认、自我批判的旋涡中。

掌控了情绪也就掌控了人生。情绪会触发人际关系冲突，造成内耗与低效，让人丧失理性，做出错误的选择。有较强自控力的人，并非没有情绪，而是具有调节情绪的能力，有释放情绪的有效方法，并且可以觉察情绪，让情绪成为一种有益的能量与资源。

欲望的满足

当我们提到那些极度自律的人时，总是联想到严苛的自我限制，而实际上拥有自控力的人反而可以获得自我满足，善用延迟满足，他们会选择牺牲短期享乐以获得更有价值、更有意义的、长远的满足。

举个长跑的例子。有几年我非常喜欢跑步，一开始早起，对我来说是一件非常痛苦的事情，尤其是冬天天还没亮，从温暖的被窝里爬起来，真的非常困难。可是一旦穿上跑鞋，戴上耳机，听着音乐，跑上几千米后，整个人都有种飞起来的感觉。长期有规律的运动，不仅在身体上、精神上，而且在心理上都为我带来了很大的好处，让我克服了惰性，从而获得了更多的满足。

如何提升自控力？

自控力完全可以通过后天的训练来提高。新闻调查记者出身的畅销书作家查尔斯·杜希格(Charles Duhigg)在《习惯的力量》中提到，人生不过是无数习惯的总和。人们每天的活动，超过40%都是习惯的产物，而习惯可以在刻意训练的情况下改变。

前面我们讲到人的大脑前额叶有一整套的控制系统，其实关于习惯，我们还有一套自动驾驶系统，也就是我们会不自觉地按照以前既定的规律、轨道行驶。比如，一直晚睡，生物系统会调节大脑到晚上12点仍然处在兴奋状态，不会发出入睡信号。

假如要改变这个习惯，可能就需要有意识地进行练习，养成新的习惯。首先，是心理暗示，一到晚上就告诉自己10点就需要洗漱完毕上床休息；其次，做睡前准备动作，如将灯调暗，让自己安静下来，听一些助眠的音乐等；最后，获得奖励反馈，11点真的能入睡，而且第二天可以早起，完成了很多工作，变得更从容。

刻意改变是逆人性的，但当这种改变成了一种自动化的反应，就会形成一种更为理想、健康的习惯，这个转换就是自控能力在起作用，改变本身也会让人有更强的自我掌控感。

去完美主义倾向，接纳自己

在与惰性与欲望斗争的过程中，一定会出现做不了、做不到的情况，我们可能会因此而内疚、自责，长期处在这样的情绪内耗中，会让我们非常挫败，从而丧失了坚持的勇气。同时，因为内部与外部诸多因素的影响，我们未必能达到自己梦想的那样，这时就需要认识到自身的局限性，尝试去接纳自己的不完美，不必苛责自己，看见自己的付出与努力，原谅自己的失误，并从失败中总结经验与教训，创造机会让自己再出发。

保持专注

自控往往需要保持较高的专注力。《自控力》这本书介绍了四种方法来训练专注力：第一，高质量的睡眠，可以让我们保持充沛的精力，从而高效地思考与工作；第二，冥想训练，放空大脑，让自己保持平静的状态；第三，运动，拥有健康的身体，可以让我们承受压力以及高强度的工作；第四，呼吸训练，可以缓解紧张与焦虑的情绪，保持稳定的输出状态。

行动力

如果不行动，我们的目标永远都只停留在想象中。行动之后，我们会获得一个反馈系统，当然反馈有正向的也有负向的，正向反馈可以让我们产生继续努力的动力，而负向反馈可以让我们积累经验，及时止损或者总结教训，从而调整下一步的方向。

很多人不屑于那些微小的行动，以致迟迟无法开始。我曾经遇到一位来访者，她在咨询过程中的改变是惊人的，在很短的时间内就获得了较深刻的领悟，这给她的家庭等带来了意想不到的积极影响。后来总结发现，她具有超强的行动力，这也是她一贯的行为风格。每次咨询之后，她会复盘总结，然后提炼出重点内容，并将在咨询中获得的灵感运用到实际中。比如，过去她总是觉得自己不够好，在家里非常隐忍，以至于自己有很多的怨气。咨询后，她勇敢地表达自己的感受，甚至敢于向伴侣发火，结果并没有她想象得那么糟糕。她应对关系方式的调整，反而让她赢得了尊重。实践让她对自己的方式更加自信，也更愿意去开展新的尝试。

成瘾戒断互助小组

缺乏自控力，有时会让人沉迷在享乐中而无法自拔，发展出成瘾行为。成瘾包括物质类上瘾，如药物、毒品、酒精以及香烟等；行为类上瘾，如赌博、购物、上网等；还有情绪类上瘾，如愤怒、逃避、恐惧等。这些成瘾行为不仅会影响人际关系、身体健康，甚至会对大脑造成损伤，给个人带来不可逆的伤害，而且它们往往是在自控力薄弱或者逐渐丧失的状态下出现的。

针对有成瘾行为的人，可以组织一些互助小组，小组成员每周按照约定在固定时间见面，在专业的带领者的引领下，讲述自己一周的感受、人际互动以及戒断的困难等，彼此真诚地分享，会让小组成员感受到被支持、被理解、被温暖，这有助于其克服戒断反应，最终与成瘾行为告别。

抗逆力：从容应对困难，修复创伤

没有人逃得过悲伤、离别或者生活中的各种不如意，在应对这些痛苦以及创伤体验时，我们需要一种力量，那就是抗逆力，即面对生活压力和挫折的反弹能力。它能够帮助我们在遭遇逆境、创伤、悲剧、威胁或其他生活重大压力时较好地去处理。

Meta前首席运营官谢丽尔·桑德伯格（Sheryl Sandberg）在《另一种选择》这本书中讲述了她目睹丈夫鲜活的生命突然在自己眼前消逝给自己带来的毁灭性打击。当时她感觉内心一下被掏空了，她一度以为自己和孩子再也不会拥有真实而纯粹的快乐了。在她的好友，同时也是知名心理学家亚当·格兰特（Adam Grant）的帮助下，她逐渐从痛苦的阴霾中走了出来。她发现，无论遭遇什么样的创伤，都可以充分发挥自己内在的抗逆力，一步步从支离破碎的不幸与灾难中走出来。

抗逆力又称为复原力，或者心理弹性、心理韧性，从字面上也很好理解，就是指我们遇到挫折时反弹回正常水平的能力。而逆境

商数 (adversity quotient, AQ)，则是这种能力的量化指标。

观察在同一危机事件中人们的反应，以及他们从恐惧、挫败、悲伤的情绪中恢复到自己正常水平的时间，可以衡量一个人的AQ水平。例如，两个学习成绩同样优秀的学生，一次重要的考试考砸了，学生A认为这仅仅是一次偶然的失败，会把这次失败看成一次提升自己的机会，并且能很快调整心态，恢复到正常的学习状态；而学生B则会因为这一次失败而不断地否定自己，怀疑自己，从此一蹶不振。那么，很明显学生A的AQ比学生B要高。

人的一生就像逆水行舟，需要不断地应对各种挑战，只有那些具备应对这些挫折困难的能力的人，才有机会最终脱颖而出。从图1-1可以清晰地看出，在不同的压力水平下，人的AQ的变化过程。那些AQ高的人，更有能力克服挫折，也更容易获得成功。

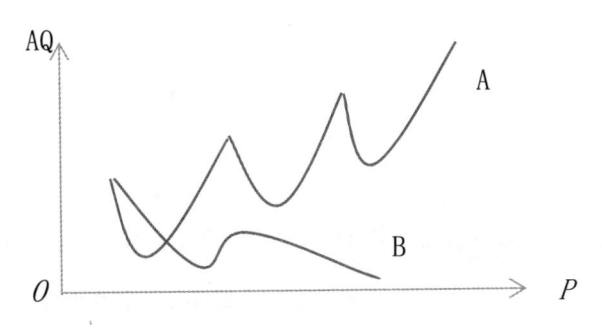

图1-1　学生A与学生B的AQ比较

图1-1中的A同学，在压力的冲击下会有一段低迷期，降入谷底后开始缓慢地复原，再次遇到压力时，又会重复这一过程，只不过，他能承受的压力或者具有破坏力的创伤事件的强度增加了。这

种体验会在一个人的身体、大脑中留下记忆，成为下次应对挫折的经验。而B同学在压力的冲击下，曾经想要努力抗争，然而，就像打仗一样，他最终举手投降并消沉下去，这就成了永久性的创伤体验，很难再跨越过去。

为什么A和B在遇到压力时，会有如此不同的反应呢？A为什么可以愈挫愈勇呢？这个跟压力的强度有什么关系呢？

心理学家海因茨·科胡特（Heinz Kohut）提出了一个心理学概念"恰到好处的挫折"，在某种程度上可以解答我们的疑惑。创伤与恰到好处的挫折之间，只是程度上的差别。每个人都有一个承受压力的阈值，如果在阈值以下，就可以从中获得经验与教训，并且在成功跨越之后获得成就感与掌控感，但是如果超过了这个阈值，一个人没有能量或者没有能力应对，则可能成为创伤，让人难以自愈。这就像一根竹子，当你使劲压它，在到达临界点之前，它可以反弹回去，但如果超过临界点，则会断裂。

这也就解释了A在恰到好处的挫折下，变得更为勇敢自信，而B则在无法承受的巨大创伤下被击垮。

抗逆力的形成机制

我们在遭遇压力与危机事件或处于困境时，会首先调动自我保护机制，开启自我防御。有位女性在翻看丈夫手机时，无意间发现丈夫与其他女人暧昧的短信，对于丈夫的背叛她感到非常痛苦，她的第一反应是震惊，整个人都蒙了，根本无法思考，接下来她可能会否认：这不可能！他对家庭挺负责，也会关心人，这种事不可能发生在他身上。再接下来她心中会有两种声音不断地纠缠：是要跟他摊牌探究真相，还是假装什么也没发生？然后，她可能会考虑接下来的行动：做好离婚准备，还是看看她们夫妻关系中出了什么问题，有什么办法可以解决？

这位女性从最初的震惊状态到逃避再到积极应对，每一步都在权衡利弊，试图将事件对自己的伤害降到最低。

假如这位女性早年如果有被背叛或者被抛弃的创伤经历，丈夫的背叛可能就会激活她早年的创伤体验，而这种痛苦的体验会被无限放大，大到她无法承受的地步，她过去的保护机制就不再有效，并且在这次婚姻危机事件中被瓦解，她就会表现出歇斯底里的病态反应。比如，无法再跟丈夫好好说话，见面就是指责抱怨，甚至把家里的事情抖到丈夫单位去，使他丢脸、下不来台，把关系破坏到无法挽回的地步。

此时，这位女性急需从混乱中走出来，她要明白婚姻并非人生的全部，即便遭遇背叛，仍然可以选择相信世界、信任他人。她需要在废墟上重构堡垒，这就是一种抗逆力的重构。

当然她也可能会从此很难再信任一个人，恐惧与人建立亲密的关系，这是一种丧失性的重构，也就是她丧失了信任一个人的能力，以及建立亲密关系的能力。

内外部因子
不利条件的积极适应（将不幸转化为幸运）

尼采说，那些杀不死你的，终将使你更强大。逆境是最锻炼人的，把逆境当作一次成长的机会，明白生命中遭遇的问题总是想要教会我们些什么，也就更容易接受命运的不公，放下抱怨，以更为积极的心态去应对。

心理学上经常会使用一些积极暗示，称为阳性赋义，即用赋予积极的意义的方式来诠释发生在人们身上的不幸。

我的一位女性来访者小萍，家里在她出生后发生了一系列的变故，父亲遭遇车祸，父亲的公司也被人搞垮最终破产。家里人很迷信，认为是小萍的到来给这个家庭带来了厄运，甚至试图把她送人。自小萍记事起，家里人就从没给她庆祝过生日，因为家人觉得她的出生是不祥的。

在22岁大学毕业那年，小萍觉得自己终于可以自食其力了，她第一次为自己准备了一个生日蛋糕，一个人过了一个非常有仪式感的生日。不过在这之后，好像厄运并没有远离她。在职场，她遭人陷害，被主管误解，甚至丢了工作。她不敢再过生日，她说自己好像中了诅咒。小萍流着眼泪，诉说着她的悲伤与无力。

我告诉她说，22岁生日这一天是她的重生之日，她可以把这一天当作自己的1岁生日，在以后的每一年都增加一岁。这是她给自己赋予的生命，父母只是给了她生理上的生命，而她可以为自己创造更丰富的精神上的生命。此时，她露出了有些腼腆的笑容，她不再是那个带着厄运来到这个世界的孩子了，她是被期许、被祝福的新生命，她是有力量改变自己人生的人。

假如一个人总是将自己放在一个受害者的位置上，就会反复回味自己的不幸处境而无法自拔。指责与抱怨可能会让其内心好受一些，可是却无法使其获得想要的幸福。而把这不幸当作一次改变的机会，反而会激发改变的动力。

好奇心

保持好奇心，会让一个人更有动力学习新东西。在一个持续变化的世界，学习是一种非常重要的能力。心理学家罗伯特·怀特（Robert White）认为，人类生而拥有的东西如此之少，以至于不得不学习如此多的东西来适应环境。后天的学习主要包括内在的、自我激励、自我管理式的学习，模仿别人以及由他人指导、控制这三种学习模式，而好奇心可以更好地激发一个人的内在学习动力，那些从小被指导从而陷入一种固定学习模式的人，在瞬息万变的世界中，则不容易适应环境。

这就像解数学题，老师如果只是教孩子这道题按照哪几个步骤做，搞题海战术，学生就容易形成固定的解题思路。在这种模式下，就会出现考题只稍微转变一下学生就不知道该怎么做的情况。而在其他学习模式下的孩子则会自己探索，并且举一反三、一通百通，真正掌握知识的精髓，从而让学习变得很轻松。

内在生命的滋养

内在生命力量是抗逆力成长的沃土。英国塔维斯托克（Tavistock）临床心理中心的资深儿童心理治疗师马戈·沃德尔（Margot Waddell）在《内在生命》这本书中提到，个人的"此时此刻"，充满了他自己和父母过去经验的光明与阴影；也展示了个体自身的未来、父母的未来，甚至他子女潜在的未来。

借由父母充满爱的养育，我们的内在生命得以滋养，有了安全的心灵港湾，对自己以及外在世界充满了信任，迸发出了探索未知的勇气。即便失败，我们也知道等待自己的不是指责与贬低，而是加油与鼓励。父母允许自己去试错，让自己可以在有保护的环境中从错误中学习成长，并且将这些失败的经验自如地运用到生活的方方面面，将失败变成动力。

这种内在生命的充分滋养，会给一个人未来的关系带来极为正向的影响。他会真实表达自己的情感，因为他不害怕失去关系，并且有信心修复一段关系；他有独立的自我，可以满足自己的需要，同时也不恐惧因为依赖别人而失去自我；他有清晰的边界，不需要通过讨好来获得别人的喜欢。这种人让自己舒服，也让别人舒服。

个体差异

抗逆力的个体差异既有先天的，也有后天的影响因素。电影《阿甘正传》中的阿甘，从小有智力缺陷，同时腿部还有残疾，走起路来像只鸭子，总是被人嘲笑。母亲并没有放弃对他的培养，把他送到学校接受很好的教育，帮助他从小树立信心。为了躲避别人的捉弄，在好友珍妮的鼓励下，他一直奔跑，从小学跑进了大学，后来成了橄榄球巨星。

在阿甘的身上，既能看到先天的智力因素，也能看到后天的环境因素给他带来的影响，智力与身体的缺陷让他比同龄人要付出更多的努力，这反而增强了他的抗逆力，又得益于他有一位智慧的母亲，对他永不言弃。当然，后来的每一步，阿甘都是靠自己的努力走下去的。

相反，在《想飞的钢琴少年》这部电影中，则有一个天才儿童，当母亲想按照自己的想法来培养孩子，而不是尊重孩子的意愿时，这个孩子选择了假装变傻来拒绝母亲，同时也拒绝再去尝试自己喜欢的音乐。当一个母亲固执的只愿按自己的意愿来培养孩子时，孩子内在的动力就熄灭了，他会变得极为敏感脆弱，因为他前行的道路似乎没有了其他选择。

外部可利用的资源

成功克服逆境，除了心理上和认知上的准备外，外部资源也同样重要。

有一个朋友遇到职场性骚扰，感到特别羞耻，也极度恐惧。如果辞职一走了之，又觉得不甘心，内心委屈也无处发泄。她找了自己当律师的朋友咨询，结果在律师朋友的建议下，她保留了证据，一方面通知了单位人力资源部的领导，另一方面去报了警，同时还找我聊了聊自己的感受。在这些帮助下，她经过一段时间的调整，逐渐走出了阴霾，而那位实施性骚扰的同事最终也受到了应有的惩罚。

她后来说，假如没有朋友们的支持与帮助，她真的不知道该怎么走出噩梦，当时想死的心都有了。跟朋友倾诉后，得到了一些有价值的建议，再加上将实施性骚扰者绳之以法，自己也赢回了尊严，反而让她变得更有力量了。这次经历，让她深刻体会到了女性在职场中所面临的潜在危机，她加入了一个Me Too组织，帮助更多女性勇敢站出来，为自己发声。

如何培养抗逆力？

抗逆力并非天生拥有的，而是经过后天培养形成的。我将通过个人、家庭以及社会环境三个层面来谈谈一个人的抗逆力是如何形成的，以便让大家对抗逆力有更为直观和全面的了解。

个人层面

通常那些在逆境中幸存下来的人，往往具有敏锐的直觉、创造力以及想象力，同时还具备良好的认知能力和亲和力，自信而且信任他人，并有较高的自我效能感。

心理学家韦斯顿·艾戈（Weston Igoe）说："能管理好自己直觉的人，在危机环境中，或者快速变化的情境下能更加应对自如。"其实，直觉看似很神秘，但更多是基于经验，就像从事外科手术的医生，有时候不需要太多思考，凭借经验就能完成一台完美的手术。当然，我们也可以通过观察自己身体上的反应，来训练自己的直觉。比如，走到某个场所，感觉身体紧绷，呼吸困难，这也许就是直觉在发出一些危险的信号，提醒你注意并且做好应对的准备。

另外，自我效能感会让一个人感到自己可以胜任某项工作，并且可以达到目标。不断积累的成功体验，会让一个人的自我效能感逐步提升。

我曾经是一个马拉松爱好者，最初只能坚持3千米，逐渐地我可以挑战5千米，这让我感到自己在这项运动上是有潜力的。后来，完成10千米后，我开始尝试跑15千米。然后，我报名参加了一个半程马拉松。因为根据经验，能坚持15千米，大概率可以完成21千米的半程马拉松，结果我不仅完成了还收获了一个不错的成绩。

由此看来，增强自我效能感最重要的有两点：一是从最微小的事件开始行动；二是建立正向反馈机制，逐级提高难度，这样自己对完成某个事项的把握就会越来越大。

关于创造力与想象力的部分会在后面的章节中专门阐释，此处不再赘述。

家庭层面

曾奇峰老师在他写的一篇关于挫折教育的文章中提到"唯有温暖御风寒"，就像北方，抵御外在的风寒是因为家里有暖气，而家庭有着温暖和睦的氛围，父母的关系亲密融洽，会给孩子带来极大的安全感。同时父母在为孩子建立规则时，遵循一个原则，即"不带敌意的坚决，不含诱惑的深情"，也就是在跟孩子建立规则时，不是以攻击、愤怒来强行要求，而是用更为成熟、温和的态度去坚守。

当然，家庭除了具有提供安全感功能和教育功能以外，还具有经济功能。一个家庭需要具备一定的经济实力，才有能力给孩子提供更好的教育机会，同时也有更强的抗风险能力。对于孩子来说，如果他总是生活在一个动荡不安的家庭中，那么孩子自身的抗风险能力也会降低，他会变得更加退缩、脆弱、自卑，而不敢去迎接更大的挑战。

另外，在家庭内部建立支持性的关系也非常重要。在某些家庭，父母貌合神离，家庭中的每个成员都好像处在一个孤岛上，彼此没有联结，孩子很难从家庭内部获得支持，他就不得不独自去面对人生中的困难。当他发现四周没有一个支持自己的人时，那种孤立无援的感觉真的很令人绝望。

社会环境

如果处在一个更为包容的社会，人与人之间的联系尊重界限但又不失温情，即便是陌生人之间也能自发地形成互助性团体，让家庭与社会群体、社会公共服务组织之间紧密合作，人们内心会感到踏实。当人们知道有人托底时，对于挫折、困难的不安与恐惧也会降低。

除了从内部挖掘、培养自己的优势，以及从外部寻求可支持的资源之外，我们还需要从认知上构建韧性思维。

曾经创办了八家慈善机构以及一家商业银行的英国畅销书作家乔·欧文（Joe Owen）在《韧性思维：培养逆商、低谷反弹、持续成长》这本书中，提出了应对逆境人们需要构建强大心理韧性的十大思维习惯，包括积极乐观的态度、注重精力管理、构建支持性的人际关系、持续学习与成长、学会选择等。

在面对困难时，我们可以围绕这十大思维习惯去反思。假如婚姻失败了，从积极的角度来看，摆脱一段极具破坏性的关系是有勇气的行为，未来可以活得更轻松；从精力管理的角度来看，可以把更多的精力放在提升自己、爱护自己上来；从获得支持性人际关系角度来看，摆脱了糟糕的关系，有了清晰的边界，更有助于建立滋养、治愈性的关系；从选择的角度来看，知道自己真正想要的是什么，才有自信选择自己想要的人生。

当思维改变了，在黑暗中，我们仍能够看见光明；在泥泞中，我们仍然可以前行；在困境中，我们仍然抱有希望。

游戏力：身心放松与享受生活

作家杰德·麦克纳（Jed McKenna）说过一句话："地球是一个大游乐场，我们每个人在里面玩自己的游乐项目。"假如把人生比作一场游戏，我们的出生不过是拿到了一场游戏入场券，我们想要尝试什么？是选择冒险还是消磨时光，抑或是静静地发呆观看别人的精彩？这正隐喻着人生选择。游戏结束，什么也不会带走，留下的只有游戏体验。

谈到游戏，人们会有个刻板印象，那就是玩物丧志，无论是社会文化，还是家庭教育，都不允许我们把玩当作头等重要的事情。贪玩总是跟懒惰、不负责任、幼稚等比较负面的评价相联系，而这种理念的直接后果就是把人训练成了一个只会学习、工作而不会玩耍和生活的工具人。

对游戏认知的误区

弗洛伊德在他的《快乐原则》中表述，人天生是追求快乐的生物，而游戏是追求快乐最重要的途径之一。在我们的文化中，玩与享乐似乎是与现实中的成就、成功与价值感相背离的，我们在玩乐的过程中总有种羞耻感，从而无法畅快地玩耍，也就无法真实地体验游戏的快乐。

这让我总是想到那些为了玩游戏而锲而不舍地与父母斗智斗勇的青少年。我曾经接待过一位青少年来访者，他因为玩游戏而被母亲送来做咨询，孩子为了躲避上培训班，反而很乐意配合母亲来做咨询。

当我跟这位13岁的青少年探讨游戏的好处时，他说游戏不仅可以帮助自己交到朋友，还可以使其从中获得自信，给自己带来很多的满足感。他还总结得头头是道：游戏可以训练自己的忍耐力，因为有时通关并不容易，自己需要坚持。同时还让自己在遭遇危机时保持淡定，另外在排兵布阵时还需要有领导力、统筹能力以及团队协作能力。我也相当认同他的说法。

他还背着妈妈去报了一个电竞比赛，居然在高手如云，参赛选手都比他年龄大的情况下获得了二等奖。当他带着兴奋讲述着自己的辉煌战绩时，我明显地感受到他非常自信的一面。

不过，说起与妈妈的关系，这个少年就低下了头。前段时间为了躲避妈妈的监控，他购买了一部假手机替代真的上交给了妈妈，还曾经用自己的压岁钱偷偷买了一个备用手机，跟妈妈玩起了猫捉老鼠的游戏。当然最终他的伎俩还是被妈妈发现了，并且引起了轩然大波。游戏成为横亘在母子关系中的障碍，让他们的关系总是剑拔弩张。

在此分析一下父母阻止孩子玩游戏背后的心理动机。

首先，是父母害怕失控。"失控"有两重含义，一是担心孩子沉迷网络而无法把控时间，二是害怕孩子不受自己的控制，此时父母隐隐约约会有种被抛弃的感觉。在成长的过程中，孩子将注意力转向更为广阔的游戏以及同伴世界，父母不再是其全部，这或多或少都会让父母有些失落。另外，当孩子可以无所顾忌地在游戏世界中徜徉时，也可能激发父母的嫉妒和羡慕，因为他们离那个无忧无虑的时代已经越来越远了。

家长反对孩子玩游戏的理由很多，其中一个很重要的理由是影响视力以及专注力。而实验表明，游戏者的平均视力水平反而高于不玩游戏的人，他们更擅长捕捉细节和分辨灰度。同时，游戏并不会导致注意力不集中，反而让大脑对注意力的控制力更强。研究发现，正常成年人可以同时关注3~4个移动的物体，而游戏玩家可以同时关注6~7个移动的物体。而且，游戏玩家不仅可以专注在一件事情上，还可以多线程操作，即可以同时展开2~3个不同的任务。一些被认为有注意力缺陷的孩子，在打游戏时却往往呈现出令人惊讶的专注。这或许可以证明，孩子的专注力水平取决于他对所从事活动的喜爱程度。

另外，适当的游戏也是一种很好的锻炼大脑的方式，可以帮助人们应对游戏场景中的突发事件，并且迅速做出反应。联机游戏，还可以锻炼一个人的团队协作能力。游戏通关的过程，可以培养一个人的耐心与韧性，因为需要不断地练习、试错、思考。

由此看来，游戏可以训练一个人的团队协作能力、抗压能力、手眼协调的统感能力等。

游戏创造了一种想象的空间

实际上，只有那些会玩的人，才有可能创造一个新世界。乔布斯玩动漫，玩书法，并从中获得了灵感。他将艺术与科技相结合，把在书法课上学到的艺术理念带入苹果产品的设计中，给苹果产品注入了灵魂。从出生起就带着冒险基因的特斯拉创始人马斯克，用游戏的心态去做商业，在一片质疑声中，一步步地将不可能变成了现实，一点点地实现了自己那些疯狂的想法，甚至开启了太空探索之旅。

游戏给人以创造的空间。在父母与孩子之间也需要这样的空间，这是孩子由幻想迈向现实的过渡性空间。不难发现，从小特别会玩的孩子，举一反三与动手的能力更强，也更容易培养出学习的自主性。那些会跟孩子玩的父母，则让人有一种天然的亲近感，更容易与孩子建立关系，同时也更受小朋友们的欢迎。

曾经有一位女性来访者向我求助，她人到中年，突然陷入了一种虚无与无意义感之中。虽然在别人眼里她儿女双全，衣食无忧，本应很幸福，可她却感觉每天活得如行尸走肉、麻木、无趣、空虚而无聊，生活中几乎没有什么事情可以让她开心起来。在过去，工作上取得了成就，拿了一笔奖金，孩子取得了好成绩，买了一个好看的包包，都会让她欢喜好久，可现在她对这些都提不起兴趣。为了填补内心的空虚，她也想尝试去结交新朋友，去学新东西，但似乎都失败了。

在咨询中，我问她："你喜欢什么？你的兴趣爱好是什么？你真正想要的是什么？"她答不上来。她发现，一直以来，自己从来没有玩的经历，或者她从来不会玩。刚出生没多久，父母就把她丢给爷爷奶奶，去外地打工了。她的童年都是在寂寥中度过的，每天被关在家里，老人也很少跟她互动。从她记事开始，生活中就只有学习这一件事情，优异的成绩是唯一支撑她自尊的东西。人到中年，她发现自己除了学习就是工作，完全不会享受生活，而慢慢地，工作也变成了一种消耗。

从这个来访者的身上，我们可以发现，她过早地接触了残酷的生活现实，与父母之间没有建立起这种想象的空间，所以很难发展出人格中具有弹性、灵动的部分。当到了中年这个十字路口时，过去引以为傲的东西渐渐失去了往日的光环，于是她开始迷茫，失去了前进的方向。

游戏并非单纯的享乐，重要的是其具备创造性。而玩游戏的过程，就是创造的过程。不具备玩的能力，在某种程度上来看，也是人格上的缺陷，这种缺陷会影响生活的方方面面。

比如，搭积木，就是一个建构的过程，在一次次地推倒与重新建构的过程中，孩子也在建构自己的内在世界。从一个人的游戏逐渐过渡到两个人的游戏，也就开始演练人际关系的互动，孩子会在这个过程体验连接、断裂以及修复的感觉，让幻想连接真实世界成了可能。

孩子天生具有想象力，而游戏可以让这种想象力得以延展。随着社会化程度越来越高，我们头脑中的条条框框越多，想象的空间就被压缩得越多。

可见，无论是孩童，还是成人，保有一个游戏空间是多么重要，这个创造力的空间不仅可以为职业发展带来优势，也会为生活带来更为丰富精彩的内容。

游戏力赋能职业与生活

一个好玩的且会玩的人，是很有魅力与吸引力的，这在亲密关系中尤其重要。两个有着同样兴趣爱好，能玩到一起的人，关系可以维持得更长久。也就是说，伴侣们除了用语言沟通之外，还可以通过游戏沟通。

婚姻的排他性与独占性在某种程度上是有些反人性的，人们如何在消磨掉新鲜感后的岁月中，抵御在漫长的婚姻生活中不断累积的厌倦感呢？游戏就可以发挥这样一个创造性的功能，你可以一个人玩，把自己的体验分享给伴侣，在关系中注入新鲜的信息，也可以两个人一起玩，共同创造更多丰富的体验，这往往是婚姻、爱情保鲜的诀窍。

我有一对夫妻朋友，妻子是全职太太，丈夫自己开工厂做生意。为了排遣寂寞，妻子开始跑步，慢慢地加入了跑团，还报了健身房的早课。丈夫是个200多斤的大胖子，习惯晚睡晚起，身体也出了很多状况。妻子自从加入了跑团，几乎每天早上5点钟都起床跑步，并且乐此不疲。丈夫就有些好奇，是什么东西有这么大的魔力，让妻子不管刮风下雨，天还没亮就出门了呢？结果，妻子邀请丈夫跟自己一起加入了跑团，让他也来试试看。

最初丈夫只能跑1千米，慢慢地在队友们的鼓励下，他可以跑3千米，没想到坚持一年后，他与妻子一起报了马拉松比赛，并且在规定的时间内跑完了半程马拉松。在这一年里，只要丈夫不出差，夫妻两人就相约早起晨跑，他们的关系也日益亲近，丈夫也减重30多斤，各项身体指标也都恢复到了正常水平。

从那以后，他们夫妻经常留意各地的马拉松比赛，只要能报上名，就一起去跑。按照他们的说法，跑步不是目的，用脚步去丈量另一座城市，体验城市之美才是真正的目的。如果时间或条件允许，他们还想多跑几个国家，去体验一下不同的文化。培养出跑步这一共同兴趣，让两个人的关系好像回到了新婚的时候。

在职场中注入游戏力，也会增强团队的凝聚力。很多企业每年组织员工团建，目的就是通过旅游、拓展训练等方式增加团队成员之间的交流与沟通，或者带入某种主题，引发员工的反思。

在我的咨询客户中，有很多遇到职场人际关系问题的来访者，他们与上司、下属或者同级伙伴的关系出现了问题，有人甚至到了惧怕上班的地步。我们知道，职场人际关系一旦出现了问题，无论是对员工个人还是对企业的发展都是非常不利的。员工每天有超过8小时的时间在工作场所中度过，假如始终处在一个非常压抑、紧张的工作关系中，长此以往可能会身心疲惫，对企业而言，员工的被动与冲突产生的内耗也会极大地影响工作效率。而游戏恰恰可以创造这样一个可以容纳的空间，让员工去调整情绪，建立良性的人际关系。

谷歌公司为了激发员工的创造力，在公司内部增加了很多的休闲游乐设施，包括健身房、足球场、网球场，甚至还有游泳池，并为员工准备了各种游戏机，以及正念打坐的地方，将欢快的元素渗透进了整个办公区，这些都充分体现了公司的人文关怀，而不是仅把人当作工作的机器。

将游戏思维带入工作生活中，一个人就不会那么紧张、僵化。当对某些事情不那么确定或者很有把握时，可以尝试划出一小块地方去做个游戏实验。

比如，在人际关系中遇到一些问题时，可以尝试去参加一个人际关系小组，把小组的互动当作游戏，还可以在小组活动中做现实生活中不敢去做的事情，比如，表达拒绝，表达感受与需要，提出要求，甚至表达不满，然后看看会发生什么。在这样安全的团体中熟练地表达真实感受，并且将这样的经验带到生活中，你就会更勇敢，改变也会悄然发生。假如你作为领导在单位进行公开发言时很紧张，也可以把家人当作听众，多练习几次试试，也许恐惧就自然消失了。

越困难，越需要抱着玩的心态去尝试，就越可能有重大的突破。

最高级的游戏是与人一起玩

我们在一生中都渴望被看见、被认可、被爱、被肯定、被欣赏，而一个人健康人格的发展离不开一个好的客体。温尼科特说："婴儿是从母亲的眼中看见了自己，而母亲与婴儿最初建立连接的方式就是通过游戏。当幼儿开始与妈妈玩躲猫猫的游戏时，他开始明白，妈妈不会消失，这在心理上就奠定了一个人的客体恒常性。"

进入幼儿园，通过游戏与小朋友建立关系；进入学校，与同伴在玩耍中建立和谐的关系，而那些最受欢迎的人往往是很会玩的人。

"三人行，必有我师"，与那些比自己情商高、能力强、更自信的人一起玩，一方面可以得到很好的映照，让我们感到自己也是美好的；另一方面，人生总是需要有一些参照物，而这些好客体在某种程度上，就成了我们模仿或者学习的对象，引领着我们不断地挑战困难，突破舒适区，扩展自己的疆界，从而在人格上获得成长。

灵活力：对复杂情境以及不同观点的应变力与弹性

中国有句俗语叫"不撞南墙不回头"，指的就是一个人缺乏对环境与资源的判断力，缺少灵活的应变能力，从而导致了失败的结果，或者错失了良机。我把灵活力称为适时转弯的智慧，而在我的咨询经历中，很多来访者卡在人生的某个节点上无法动弹，正是因为缺乏这种灵活应对的能力。

人在一生中或多或少都会遭遇创伤事件，亲人离世、失业、考试失败、离婚、被背叛等，而一直处在创伤中无法走出来，不正说明我们是在耗尽心力去解决那些根本不可能解决的难题吗？亲人可以复活吗？既成事实的结果可以改变吗？已经死亡的婚姻可以再挽回吗？

有位45岁的女性来访者因为儿子不上学来做心理咨询，在讲到自己的婚姻时，她难以掩饰自己对前夫的愤怒。已经办完离婚手续10年了，她好像仍然无法从被背叛的阴影中走出来。从发现丈夫出轨，到最后办理离婚手续，她不停地吵闹，而这一切都被孩子默默地看在眼里。离婚之后，无情的前夫拒绝支付抚养费，她一次又一次地将其告上法庭，判决之后对方拒绝履行义务，她就不断地打电话争取，去法院申请强制执行，这一切使她身心俱疲。我非常同情她的遭遇，也替她被这样无情地对待而感到愤愤不平，为她的大好年华就这样被一个人给毁了而感到痛心。

不过，往深处想，在这段婚姻中，可能受伤害最深的是最弱小的孩子，他对未来丧失了希望与信心，对这个世界失去了信任，从而自暴自弃，再也不愿意跨出家门半步。在这10年间，除了愤怒与怨恨，她还可以去做些什么改变呢？假如当初尝试去放手，放过对方实际上也是放过了自己。

因为只有放下过去，才有机会开启新的生活。结果这10年间，自己耗在一段已经结束的关系里，让孩子也一起受牵连，真是得不偿失，最后奋力争取的也是一场空。真相很残忍，直面真相需要勇气，更需要转弯的智慧。

在为人处世上，把灵活力运用到极致的古人非苏轼莫属，这位北宋时期的文学家、书画家，还有一个美食家的称号。他一生几起几落，曾经被治罪入狱差点引来杀身之祸，出来后又被降职，被重用后又被流放，这一路坎坷，反而让他寄情于山水，写出了《赤壁赋》等佳作，到哪里都能随遇而安。

苏轼将自己对现实的不满与批判都表达在了文学作品中，他在逆境中创作的诗篇含有痛苦、愤懑、消沉的一面，但更多的则是表现了对苦难的傲视和对痛苦的超越。他在困顿中，仍然可以找寻生活中的乐趣，他的人生态度对于当下经常处于精神内耗中的现代人来说亦有着很好的借鉴意义。

对比苏轼，曾国藩则明显不太灵活。他的父亲因为天资愚钝参加了17次科考，直到40岁才考中了秀才。而曾国藩从14岁开始陪考，也用同样的笨办法考了6次，直到第7次考前他才开始吸取前面的教训，学习优秀范文，并且做了一些调整，才最终在这一次成功考中秀才。

对于我们每个人来说，坚持是成功的条件之一，不过如果缺乏灵活力，很可能在错误的道路上越走越远。就像曾国藩，假如仍然按照父亲教的那一套方法来对付考试，可能也会跟他的父亲一样，把大半辈子都浪费在科举考试上了。

什么是灵活力

一提到灵活，在我们头脑中浮现的画面首先是身体上的灵活：可以躲避危险，有转身的能力，既可以向前也可以退后。从身体动作上，我们引申到心理层面来理解，也就是在遇到危险时，可以采用回避、妥协的方式保存实力。有转身的能力，意味着为了未来创造更好的可能性而舍弃已经拥有的，或者舍弃那些无论如何努力都无法实现的执念。允许自己退步，或许退后一步海阔天空，这只是为了更好地前行。成为旁观者，也就是能够接纳自己是个普通人，把别人的成功当作一处风景，不苛求完美，并且能够享受生活中的小确幸。

灵活可以让我们非常自如、自信地去控制自己的身体以及行为，并且有能力承担行为产生的后果，为自己的人生负责。

具备灵活性的人，在关系中更能够容纳差异、解决冲突、平衡矛盾，并且在各种身份与角色中灵活转换。

在困难的亲密关系中，我们往往会发现伴侣一方可能会对亲密非常恐惧，从而拒绝亲密，在交流中只谈事而从不表露自己的情感。而有的则对情感的需求非常高，经常处在情感饥渴的状态下，长期得不到满足会让他被焦虑困住，从而丧失理性思考的能力。还有的伴侣是索取型的，看到的永远都是对方没有做到的部分，抱怨对方对自己不关心、不理解自己，而自己却一点也不想付出。他们似乎都在自己固有的模式中坚守，而不去做任何改变。

曾经有位女性来访者觉得自己的婚姻很痛苦，不知道是否需要离婚，想让心理咨询师给她提点建议。这位来访者一上来就说自己当初条件有多么好，名牌大学硕士毕业，人也长得漂亮，当年有很多人追求，而丈夫当时只是个大专生，家庭条件也很一般。当初答应嫁给他，一是感到他人很踏实，好学上进，同时还温柔体贴，在谈恋爱时几乎都是有求必应，她觉得只要人好，未来生活一定会幸福。

婚后几年，她发现丈夫在事业上并没有太大发展，而身边的好些朋友创业后都事业有成，她开始对丈夫越来越多地抱怨，而丈夫对她也没有以前谈恋爱时那么上心了。在这段婚姻中妻子总感觉自己是下嫁，内心有很多委屈，所以一味地索取，而且还觉得理所当然。而丈夫一味地付出，却得不到肯定与回报，最后心灰意冷。

还有一位女性来访者认为，女性就应该独立，并且在生活中一直奉行着独立自主原则。她与男友一起消费基本上是AA制，因为自己特别不喜欢占别人便宜，当然也不希望别人占自己便宜，

AA制是最好的方式。谈了3年恋爱后,两人决定同居。但住到一起后,虽然两人的收入都很高,却经常会为了几块钱而争吵。在她看来,钱的多少不重要,是否绝对平均与公平才是她最在意的,这是她做人的底线。

这种僵化的模式会阻碍关系的健康发展。而具有灵活性的人在关系中往往会呈现这样一种状态:既可以享受亲密融合,又可以保持自己的独立性;有能力为他人付出,也可以接受别人的帮助,并且拒绝自己不喜欢的东西;既可以为了爱而妥协,又会坚守自己的底线。

在亲密关系中保持着这样的弹性,就会为伴侣创造一个空间,容纳彼此的差异,并且通过沟通来增进理解与尊重。

另外,每个人在家庭与社会中都扮演着多重角色,比如,一位女性可能是女儿、妻子、妈妈,同时还可能是学校老师、行政管理者等。而承担好每个角色的责任,并且在不同的身份中灵活转换,且不会因冲突而产生内耗,的确需要经验与智慧。

作为女儿,需要孝顺父母;作为妻子,需要照顾丈夫与自己的小家庭;作为人,需要拥有自己的空间,为自己而活;作为妈妈,需要承担养育孩子的责任;作为员工,需要完成企业定下的业绩指标;作为管理者,还需要安抚下属的情绪,调动员工的积极性,并合理安排工作等。这么多的角色,如何才能做到平衡呢?

具有灵活力的人,知道人生的每个阶段都有其发展任务,她可以清楚地了解在那个阶段什么对自己是最重要的。比如,在离开原生家庭之前,家庭是自己的避风港,这时维系与父母的情感是重要的;当生了孩子后,孩子生命的前3年是安全感以及人格形成的关键时期，这时可能就需要牺牲一部分工作，更多地承担起做母亲的责任。过度关注孩子，可能会忽略丈夫的感受，所以还需要留出一些与丈夫亲密的时光。当然，如果能邀请丈夫一起参与孩子的养育，既可以分担一些压力，也会创造更多家人在一起互动的机会。

另外，具备了灵活力，我们也更容易放过自己，放弃自己的完美主义倾向，不再苛求自己面面俱到。

韩国电影《82年生的金智英》里面的女主角在怀孕后，不得不放弃自己喜欢的工作，成了一个全职妈妈。整天一个人带孩子，让她患上了抑郁症，结果连孩子也带不好。她非常自责，越发觉得自己没用。

在生完孩子后，她一直想着要回去工作，不过，说实话，她确实有很多现实的困难：孩子还小，家里也没有人可以帮忙。虽然丈夫愿意在家带孩子，但实际上夫妻二人同样面临着文化与社会的压力，这些都是阻碍她回归职场非常现实的问题。

她得了抑郁症后，反而促使家人对她有了更好的理解与支持，她可以放松下来，为自己的下一步做好充分的准备。她婉拒了老上司的邀请，在家开启了自己的自由职业，最终找到了家庭与事业的平衡方式。

灵活力也指具备一定的心理弹性，也就是一个人在遭遇到压力、挫折或者创伤之后仍然具备复原的能力，以及适应新环境的能力。心理弹性的形成往往与早年打下的心理基础以及后天的经验有关。就像锻炼身体肌肉增强体质一样，同样可以训练心理肌肉，从那些挫折与错误中获得经验与教训，增强自己的柔韧性，从而提高抗挫折的能力。

在心理咨询中，常常会遇到已经对生活无比绝望的来访者。我往往会引导他去看看自己所拥有的资源，会问问他，在很多人生的艰难时刻，如父母离异、被母亲虐待时，他是怎么挺过来的？从而与其一起探索应对困难的更多方式。

当从过去的痛苦中走出来之后，我们就会在遭遇类似情境时不那么慌张，同时暗暗告诉自己，这一切一定会过去的。内心强大的自我，就是在这样一点点的积累下被塑造出来的。

为什么会丧失灵活力

缺乏安全感会抑制一个人的好奇心与探索欲，使其无法容纳不确定性，恐惧改变，不敢冒险。没有安全感，我们很难对他人以及这个世界建立信任，往往只能选择那些自己曾经尝试过，或者比较稳妥而保守的方式去应对生活中的问题。同时，因为对周围环境怀有敌意，经常处在紧张与焦虑的状态下，反而会对环境变化产生误判，或者对环境已经发生的深刻变化浑然不觉。这时，如果仍然抱着旧有的思维模式，用自认为的"传家宝"来处理当下的问题，就可能会处处碰壁。

有位26岁的女性来访者小枫，在出生后3个月时被妈妈送到了外婆家，直到上小学才回到妈妈身边，而这时她才知道父母早就在她3岁那年离婚了，她见不到爸爸，只能与妈妈相依为命。

小枫在成长过程中经历过多次被抛弃，也曾有被猥亵的经历，她对异性有着极度的不信任感。就像一只受惊的兔子，她内心渴望亲密，但只要别人开始对她好，她就会感到恶心，然后就会中断与对方的联系。在好几段恋爱中，她一直重复着这样的模式。这是一种强迫性重复，她宁愿承受痛苦也不敢去尝试一种新的恋爱方式。因为对她来说，只有逃跑才是保证自己不受伤害的方法。

安全感的缺失，让她一直沿用着一种僵化的模式来应对新的关系，因而很难发展出有效处理关系的能力。

僵化、封闭式系统

创伤会导致僵化与意识狭窄，也就是说他只能去做一些不那么疯狂的事情，或者被限定在某几件事情上，甚至无法去做自己喜欢的事情。

封闭式系统容易让我们绝对化、泛化、夸大糟糕的结果，我们会感觉自己被困住了，似乎没有任何改变的可能性。比如，我有一位抑郁的青少年来访者，她最常说的一句话就是"我没办法啊"，这真的令人挺无力的。此时，我问她："自己最想要的生活是怎样的？"她很难进入想象的空间，去憧憬未来。在她的思维里，当下的困难是不可能改变的，学习不好就是毫无价值的，自己就是一个废人，是别人的累赘。

如果处在开放式系统中，她就不会这样看问题。她会把当下的问题看作长长的一生中一个短暂的问题，一定可以找到一种解决方法；她不会因为学习不好而对自己全盘否定，她会尝试：也许自己还有其他方面的优势；她会认为每个人都是独一无二的，学习不好还可能有别的出路。这样去看待问题，就会存有希望，有了想要试试看的动力。

单一固化模式

在学校学习时我们总是追求标准答案，而人生的问题却根本没有标准答案。假如家长在教育孩子时，总是强调对错，不允许孩子有自己的想法，并且将自己认为正确的做法强加给孩子，久而久之，孩子就会丧失主动思考的能力，并形成一种思维定式，那就是按照父母说的去做就没错。

这样很可能导致的结果是，一方面孩子没有独立思考的能力，对父母有极大的依赖性；另一方面孩子认为总有一种绝对正确的方法，并且一直坚持使用这种方法，这会让他在复杂的环境下，或者必须完全依靠自己的情况下，失去解决问题的能力。

另外，缺乏灵活力是因为没有别的选择。

假如感到自己情绪低落，你会用什么方式来度过这个低迷期？如果你只知道一种方式——躺在床上什么也不做，结果可能会越来越抑郁。

假如除了躺着之外，你知道还可以尝试打电话与朋友聊聊，还可以出门晒晒太阳，可以读读书，或者玩玩游戏，上网买点喜欢的东西，有这么多的方法可以选择，自然会找到最合适的。

只有一种办法的人很难有灵活力，因为他根本没有资源与方法去做新的尝试，这样就很容易走进死胡同，陷入悲观与绝望中。

心理疾病既是因也是果

很多心理疾病，如强迫症、抑郁症、焦虑症等都与缺乏灵活力有关，而这些疾病反过来又会让一个人无法发挥灵活力。

有强迫症的人，通常有强迫思维或者强迫行为，并且伴有仪式感，如家里的东西必须摆放在原来的位置，别人一动就会非常痛苦，或者总担心没有锁好门，需要反复检查等，这实际上就是要维持一种内在的秩序感，不容许有任何变动。而这往往与早年被严格控制有关。强迫症本身类似于计算机编程，一启动必须按照程序运行，也就是按照既定的轨道来行动，否则就会因失控而焦虑。

抑郁病人，通常会有一些偏执的观念（执念），如不愿意承认自己生病了，或者执着于完美，而在归因方式上也总是内归因，认为所有的错都是自己造成的，从而非常自责，不断地自我攻击。他们很少会去关注外部环境因素，也难以灵活地区分哪些问题是自己的原因造成的，哪些是不可控的外部因素造成的。

焦虑往往来自对未来的恐惧，有此症状的人习惯于将糟糕的结果绝对化与夸大化，让自己因为恐惧而在很多方面受限，如社交恐惧症会导致无法与人建立关系，广场恐惧症会让人变得退缩，甚至无法走出家门。

反过来看，有了这些病症之后，人们会将注意力集中在与症状做斗争上，也就没有精力去发展自我、享受生活，结果让自己更为僵化。

如何培养灵活力

在这个快速变化的时代，需要不断去适应环境，这就要求我们要有很强的学习能力，迅速掌握新的技能。现在不缺知识，缺乏的是筛选有价值的内容以及将知识转化为行动的能力。

首先,在清晰自己的发展目标后,列出学习清单,进行沉浸式学习,并且将学习的内容在小范围内实践,获得新的经验,再进行复盘总结,这样就可以不断地拓展自己的疆界,让自己有机会在原有的领域深入下去,或者跨越到新的领域。

其次,还需要培养至少一两种兴趣爱好,正如上一节我们提到的游戏力那样,在玩乐中会产生内啡肽,游戏或者兴趣可以容纳我们的焦虑,安抚自己,这样就有了变化的空间。

最后,就是读万卷书,行万里路,见比自己厉害的人,增长见识,从而获得更多的灵感,拥有更多的资源,创造更多的可能。

担当力：接纳自己与他人的局限性，承担责任并改善现状

最近30年，有许多专门关于人的个性、特质对其职业成功是否重要的研究。三位美国研究人员默里·巴里克（Murray Barrick）、迈克尔·芒特（Michael Mount）和蒂莫西·贾奇（Timothy Judge）在大五人格的框架下，发现职业成功与责任心高度正相关，它是职业成功人士必须具备的非常重要的人格特质之一。

当我们谈到一个人具有担当力时，是指他除了有高度的责任心、勇于承担的态度之外，还有承受压力的情绪稳定力，以及为结果负责的能力。

我们在这里谈到的担当涵盖了更大的范围，准确地说，它是一个人人格中非常重要的部分。

一个敢于承担与负责的人，会从中获得很多好处，尤其是在职业发展上。曾经有位来访者提到自己的职业经历时说，正是责任心让自己做出了很多成绩，创造了很多奇迹，获得了现任领导的赏

识，并且升到了副总经理的职位，责任感是自己的宝贵财富。在大型集团公司，他既没有靠山，也不会搞人际关系，完全靠着自己的实力与负责的态度，从基层技术员踏踏实实地做起，领导交给自己的活从不含糊，最终成了企业的技术专家，并且成为高层领导。

责任感会衍生自律与自制，更容易产生导向目标的行动力，行动的过程与结果的反馈会生成自我价值感。同时，履行职责，做出贡献，也是自我的力量之所在。

责任感的形成

责任感并非天生的，在此从心理角度来分析，一个人如何在后天逐渐有了责任意识，什么样的人更容易具备这样的特质。

一个人在成长过程中，会形成道德情感，这些情感包括内疚、羞耻和骄傲。通常在违反了父母要求或者社会规范时，人们会产生内疚感；在没有达到别人或者自己的期望时，则会产生羞耻感；而在满足了期待时，就会产生骄傲。道德情感塑造了良知，让人们知道什么是应该做的，什么是错误的，在此基础上逐渐有了分辨的能力，为适应社会环境奠定了基础。

具有较高道德情感的人，更容易形成责任感。比如，一位有责任感的员工，他认为领导非常认可他，并且对他的工作成果抱以很高的期待，他为了满足领导的期待会经常留下来加班，对工作投入更多的思考；同时，他对自己也有着期待，他计划在五年内升职，成为项目负责人。那么，为了满足来自外部与内部的期待，他需要更加自律，同时也需要对工作有更多的承担，以此获得更多的肯定。

另外，内疚感会让人们更愿意去承担责任。比如，父母非常辛苦地赚钱养家，当看到父母的不容易时，你会更加努力地学习，用好成绩来回报父母。在情感上，因为你爱父母，所以特别在意他们的感受，不想让他们不高兴，会去做他们想让你做的，或者你应该做的事情。你会害怕因为拒绝、懒惰、不负责任而让父母伤心。

内疚感的产生有时更多的是为了对他人负责，而对于安全感很强的人，他们则具备更多的自我意识，不怕犯错，不怕拒绝，更愿意遵从自己的内心选择，这反而是对自己负责的一种表现。具有足够的安全感，也就更有承担的勇气，也更愿意去尝试与冒险，因为他有承担失败所造成的后果的心理能力。

当然，责任感与一个人的归属感也有着紧密的联系。一个更有责任心的团队领导者，可能会让自己做得更多，甚至牺牲自己的利益，让团体更有凝聚力。为了维护组织的完整性，或者防止因为团队成员之间的冲突而导致团体瓦解，领导者需要具备解决冲突的能力以及平衡的艺术。对于团队成员而言，如果想要融入组织，也需要对组织有更多的贡献，对组织有更多的认同，具有集体主义的意识。比如，为了集体荣誉，一个人会牺牲与家人在一起的时间，承担更多的工作，甚至完成很多自己工作职责以外的工作等。此时，他将个人的荣誉与集体的荣誉捆绑在了一起。

一个人的主动性或者自主性与责任感之间有什么关联呢？我们发现，在一个人的成长过程中，被父母给予更多的自主性、选择权或者自主空间的孩子，反而更自律，也更愿意去承担责任。而那些被过多限制，或者被父母过度控制的孩子，则表现出更多的行为上的退缩。

在谈到责任感时，我们当然不能忽略家庭与家族的力量。一个家庭中的长子，可能会被指派为振兴家族的人，也就是从出生开始就被安排了某种使命，这甚至不以他个人的意志为转移，因为他就是为了这个目的而存在的。从出生顺序上来看，家庭中的第一个孩子，往往被赋予了这样的期待，所以作为家中的长子，他们往往会承担更多、付出更多，背负更多责任与义务。

另外，父母的言行也会影响孩子的处事原则。比如，父母自身是付出型的，比他们的兄弟姊妹承担更多原生家庭的责任，在单位也是勤勤恳恳地工作，这样潜移默化的教育会让孩子认为做人就要有责任心、不能太自私、吃亏是福等，孩子认同父母的言行，从而形成自己的一套责任体系。

儒家文化中，父母有养育孩子的义务，而在他们失去了劳动能力后，子女有赡养老人的义务。不过，在传统文化中，特别强调助人、牺牲以及集体主义，这些内容会渗透进生活的方方面面并影响着我们的行为。

总而言之，责任感与道德情绪、安全感、归属感、主动性、家庭或家族期待、文化适应性都有着紧密的联系，这些内在与外在的因素相互促进，最终形成了我们对责任的核心信念。

有担当是为自己的人生负责

每个人都可能遭遇挫折或者陷入困境，有人会陷入一种习得性无助的境地，他们往往会采用一种回避的方式去应对。回避可以暂时远离无力、无能的痛苦感受，但同时也会压抑自己想要变好的愿望，冲突反而会越来越强烈。

一次次地逃避，也就一次次地错失了成长与体验的机会。人的一生非常短暂，当回望自己走过的路时，会发现诸多遗憾，因为自己从未充分地活过，没有成为自己人生的主角，从未为自己的人生负起责任。

有位女性来访者因为婚姻出现了问题来向我求助，她一走进咨询室就开始不停地抱怨她的老公，用各种恶毒的语言诅咒她的老公。她甚至颇为得意地说："我就是不想让他好过，恨不得让他去死。"她始终揪住丈夫10多年前的一次出轨来做文章，需要丈夫为此付出一生的代价。我问她："你想要有什么样的改变呢？你想在这段婚姻中得到什么？当下能做的，要么是改变你们的相处模式，要么是离开这段令你伤心痛苦的关系。"她回应说，她既没有能力离开，自己也不想做任何改变。她说自己的一辈子都毁在了这个男人手上，她要报复他，让他也一直痛苦下去。

这位来访者实际上就是缺乏担当的能力，无法为自己的人生负责，而将自己的不幸都归咎到别人身上，同时，也将自己对幸福的渴望完全交给了别人。实际上，没有人可以为我们的人生负责，唯有自己改变，才有机会得到想要的幸福。

有担当，会让我们从中获得坚韧的意志。一种有价值的生活，就是兢兢业业、扎扎实实做好每一件美好的事情。在自己划定的范围内完成自己订立的目标，大脑就会接收到某种积极反馈，让自己有成就感。

出生在维也纳的临床心理学家维克多·E.弗兰克尔（Viktor

Emil Frankl），在第二次世界大战时期，因为是犹太人，全家人都被关进了集中营。其实，早在战争爆发前，他就已经成功申请到了前往美国的签证，而当时纳粹已经开始对犹太老人下手了。弗兰克尔知道，终究有一天自己的父母可能也会被关进集中营，而作为儿子的他绝不能独自逃离，他要留下来与父母在一起，抚平他们的创伤。最终，弗兰克尔全家被关进了集中营。在集中营里，他用自己的专业知识，帮助那些绝望的人们，同时凭着要与亲人重逢的信念终于活着走出了集中营，创造了一个奇迹。

在这个过程中，他也在不断地追问生命的意义是什么。他总结出生命的意义就是通过行动、爱以及适应那些来自生活的限制去体验，他在此基础上创造了意义疗法，帮助了许多遭受过心灵创伤的人。

责任感可以满足自我实现的愿望。马斯洛的需求层次中，生理、安全、归属、尊重的需要，大都集中在个体的满足上，而在最高层的自我实现的需要，是在帮助别人、成就他人的基础上获得的自我满足感，这是一种更大的自我，是一种超越。

当年乔布斯为了应对强大的竞争对手IBM，扭转竞争颓势，力邀百事可乐总裁约翰·斯卡利（John Sculley）出任苹果CEO，可是经多次深度沟通，对方都不为其所动。后来乔布斯的一句话打动了他："如果你留在百事可乐，五年后你只不过多卖了一些糖水给小孩，但是到苹果，你可以改变整个世界。"

乔布斯将自己内心的愿景"科技改变世界"展现给了斯卡利，这种使命感促使乔布斯不断地创新，给人们的生活带来了一场真正的革命。他们的目标并非仅仅是企业的利润或者员工的福祉，而是通过创造产品来改变人们的生活方式，给人们带来极大的便利性、舒适性与娱乐性。

在企业内部创造一种有担当的文化是企业赖以生存与发展的基础。曾经有位来访者因为职业发展的问题来向我咨询，她讲到了自己在公司的一些困惑。当初，她是抱着极大的期待跳槽到了现在这家比较知名的互联网公司，结果不到三个月，发现自己极度不适应。她本人是一个相当负责任的人，专业能力也很强，希望在更大的舞台上展现自己的才华。可是来到这个部门后，她有种英雄无用武之地的感觉。部门领导在遇到问题时，总是责骂下属，而不是协助下属解决问题。假如上级领导怪罪下来，他就会把责任推到下属身上，但在成绩面前，他会毫不含糊地抢功。久而久之，员工得不到认可与鼓励，团队也就失去了凝聚力。在过去的两年内，部门居然有60%的人离职了。所以，部门领导不愿意承担责任的文化氛围，很难留住有能力的员工，也不可能创造很好的业绩。

过度的担当与责任的影响

在家庭中，有担当、负责任的父母，才会有效地发挥父母的功能，才能保证孩子活下来并且有所发展，这是人类进化的需要。同样地，对于企业而言，有担当、负责任的企业家以及相应的企业文化，才能保证企业的持续发展。

不过，我们仍然需要对过度负责保持警惕。

实际上，高度的责任心对于某些领导来说并非是好事。强烈的掌控欲可能会令人迷失于细节之中，从而失去了统揽全局的能力。

对于企业的决策者来说，如果在细节上有着过度的责任心，反而会忽略更多宏观的、战略上的信息。比如，某个制造企业的CEO，曾经获得了美国著名大学电子产品设计的工学硕士学位，对于机械、电子、产品设计、项目管理、市场销售等方面都非常熟悉，这些优势让他对每一个部门的工作都有参与，他的责任心反而限制了下属的创造力，造成没有人敢提出不同意见的结果，即便是很琐碎的事情下属都要向他请示，等待他来最后拍板，这样他不得不每天都超负荷工作，但决策效率却很低，而员工也很难获得成就感。所以，事必躬亲的领导并不是一个好的领导。

这里就牵涉到一个责任边界的问题。一个领导者的责任是为企业的发展方向以及重大决策负责，包括人事与资金调配等，而这些比较重要的事务之外的责任，应该授权给下属，让他们各自负起责任，而不是超越了边界，将别人的责任都揽到自己身上。

在人际关系中，我们也往往能看到这种跨越边界的负责，会让别人有被侵入感，而自己的付出却往往不被人认可。有位女性，她有着非常强烈的助人情结，她听说自己朋友的孩子因为抑郁而退学了，非常想要帮助这个朋友，给她想各种办法，推荐她去上各种家庭教育培训，不过都被朋友婉言拒绝了，这让她感到非常挫败，因为自己的好意没有被朋友领会。实际上，当我们想要帮助别人时，我们也需要尊重别人的求助意愿，或许别人觉得自己可以搞定，也许还没有到需要求助的地步。

边界感可以让我们明白，哪些是自己应负的责任，哪些不是自己的责任，这样才不会被内疚感困住。假如一个12岁的男孩儿，每天被迫倾听妈妈对爸爸的不满与唠叨，成了妈妈的情绪垃圾桶，那么在某种程度上，他便填补了父亲的位置，成了母亲的替代丈夫。这就是一种过度负责的现象。当他不得不承接母亲的情绪时，他只能将发展自我的精力投注到母亲身上，结果限制了自我的成长。

还有一些孩子，出生就是为了满足父母的愿望，去努力实现父母未完成的意愿，而自己本身的渴望却被淹没了。作为孩子，他们会无条件地接受父母派遣的任务，努力地活成父母期待的样子，承担起父母未完成的使命，而在成年以后，他们会越来越发现自己迷失了人生的方向，丧失了意义感，这样的付出与负责，往往与自己的人生无关。他们就会不断地追问：我究竟在为谁而活？

逃避责任，实际上无法为自己的人生负责，而过度付出，或者过度承担那些本不属于自己的责任，实际上也不是一种健康的人生选择。真正具备担当力与责任感的人，清楚自己的定位，能够找准自己的位置，有意愿、有能力、有边界地承担自己能力范围以及职责范围以内的责任，从而在自我、他人与组织环境之间找到平衡。

第二章 思维能力

感受力：在观察与体验中感悟世界的多样性

被誉为"现代催眠之父"，同时也是家庭治疗大师的米尔顿·艾里克森（Milton H. Erickson）曾经说过，体验充满了巨大的信息量，通过体验拓展了更多的空间，同时也增加了更多的可能性。

体验就是感受。两个朋友结伴去同一个地方旅行，两个人的体验可能会完全不同。一个人只是走马观花，可能在他的内心不会留下什么印迹，而另一个人在出发前做了功课，在行走的过程中注意到了当地的风土人情、历史文化、饮食习惯、语言等多个方面，获得了更丰富的体验。

我最初开始写作仅仅是想把在旅行过程中的所思、所想记录下来，而这也成为我感受生活的方式。旅行会让我有三倍的体验，从出发前开始做准备，我会购买相关的书籍，参考别人的攻略，根据自己的经济状况选择合适的线路以及食宿，带着好奇与惊喜将目的地神游一遍。真正启程后，我喜欢用脚步丈量一座城市，喜欢逛逛早市，品尝当地的美食，选择有历史厚重感或者有特色的酒店，用心去感受别人的生活。而在归家后，我会整理旅途中的照片，把旅行中发生的故事写成文字，重温一遍那些激动人心的时刻。这些感受，丰富了我的人生，让我看到了更大的世界，也让我有了更开阔的视野，增长了见识，让我可以用更好的视角去看待我的来访者。

感受力的生理基础

每个人天生都有一套感觉通道，它包括视觉、听觉、味觉、嗅觉、触觉，这些是感觉外部刺激的媒介，而交感神经与副交感神经则是感觉内部刺激的媒介。这些感知会触发情绪情感，从而让人获得对自己与世界的认知。

获得感受力首先需要的是打开感觉通道，但在繁忙的工作与生活中，为了更高效地应对挑战与竞争，我们往往会无视、忽视、隔离自己的感觉，让自己的头脑高速地运转，长此以往，很容易陷入一种无意义的虚无感。

失去了感觉有多么可怕？电影《完美感觉》虽然是一部非现实主义作品，却让我们看到失去了感觉之后，人会变得多么疯狂、无助。女主角苏珊是一位流行病毒专家，男主角迈克尔是一位厨师，两人在患上奇怪的病后，逐渐丧失了味觉、嗅觉，生吃食物甚至喝大罐的油都没有感觉，但却容易莫名地悲伤，有时又会出现狂躁的症状。

因为少了这两种感觉，人与人之间的关系变得越来越危险，无法信任彼此，越发不理智。后来，他们逐渐丧失了听觉，原本混乱嘈杂的世界变得寂静无声，他们才开始审视自我，尝试去倾听自己的心声，并且同样希望别人也去倾听自己的心声。

而此时，他们只剩下最后一种感觉——视觉，于是他们只能通过唇语、手势或者身体语言去交流，而当这种感觉也逐渐消逝时，迈克尔意识到，只有彼此拥抱，感受到苏珊身体的温暖，才有机会将最后的爱与感觉留下来。电影想要揭示的是，当人们失去一切感觉时，能够点亮黑暗的，唯有明亮的内心。爱是人类最后的感觉。

我们为什么会缺乏感受？

绝大多数人都拥有一套健康的感官系统，但却很难有感受，这究竟是为什么呢？

在我参与临床心理培训时，最重要的一个部分就是感受性训练。每当老师问此时你的感受是什么时，我们脱口而出的都是"我认为""我觉得"，也就是把评价、想法或者观点当成了感受。其实大多数人之所以不擅长去感受，一方面可能是不知道什么是感受，另一方面可能是能感受到一些什么，却无法用准确的语言去描述，这往往会造成人际关系中的困境。

通常说的感受，在人际间包含了如图2-1所示的四个方面：我对自己的感受、我对他人的感受、他人对自己的感受、他人对我的感受。

```
        我对他人的感受
  ┌─────┐  ──────→  ┌─────┐
  │我对自己│           │他人对自己│
  │ 的感受 │  ←──────  │ 的感受 │
  └─────┘           └─────┘
        他人对我的感受
```

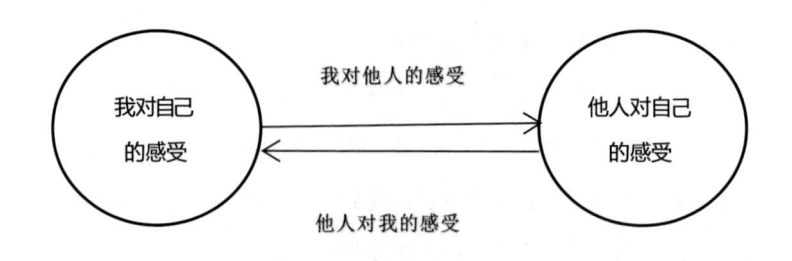

图2-1　人际间的四个方面感受

在快节奏的生活中，我们其实缺乏这样的时间与空间去感受。如果连自己的感受都很难用心去体会，那就更难以去感受别人的感受了。那么，是什么阻碍了我们的感受呢？我们不妨想象一下下面这个比较熟悉的场景。

上级主管给你的绩效打了C，你认为主管是故意针对你，这对你很不公平。你立即在脑中搜索你与主管之间的过节，比如，你不太顺从，曾经当众顶撞过他，或者因为他学历不如你高，你无意识中有些瞧不起他，他这个人心胸狭小，容易记仇等。这些都是评价或者想法，会挡住我们的情绪感受。

先把头脑中的想法放在一边，按下暂停键，停下来感受此时你的身体有什么变化，你的情绪有什么变化。

你感受到自己身体有些僵硬，表情沉重，呼吸有些不顺畅，手有些颤抖，在情绪上你觉察到自己非常愤怒，这是一种情绪。

再往下深挖，你可能会发现自己还有些委屈，有些悲伤等。而愤怒背后的情绪其实是很难去觉察的，那可能与过往经历以及重要关系人相关联，如你曾经被父母不公平地对待过，因为没有为自己辩解而被人误解过等。因为可能会触及早年的创伤，为了防止自己情绪崩溃，我们往往会采用情感隔离的方式来回避这些情绪感受，因为体验情绪是危险而痛苦的，最好的方式就是让感受不要发生。

这个愤怒看起来是指向上级主管的，而实际上也同时指向了自己。你也就根本不可能去感受主管给你打C时的心情是怎样的，他是否也有为难之处？他是否也对你的工作有很多不满等。同时，他是如何感受自己的？他是自信的还是怯懦的？他是脆弱无力的还是有强烈的掌控欲的？这些都是人际互动的复杂之处。而越是复杂，越需要慢下来，过快、过早地判读，都会让我们错过很多重要的感受。

谈感受会给人懦弱、不理性的感觉，而自我暴露也需要极大的勇气，隐藏真实的情感才能保护自己不受伤害。比如，有人经常挂在嘴上的是：哭有什么用？生气有什么用？如果从功利的角度，或者快速解决问题的角度来看，感受真的是无用的，是需要回避的。

于是，我们不愿意给自己松弛的空间，不容许自己去感受。

最近有个非常流行的词语叫"松弛感"，只有松弛下来，我们才会自然地把五感打开，去感受这个世界。而处在极度焦虑状态的人，不会容许自己停下来。

曾经有个焦虑的妈妈因为孩子的行为问题找到我，她说孩子懒惰、喜欢拖延，总是不能按时完成任务。当她把存在手机里的孩子学习与运动的时间表拿给我看时，我惊呆了。从周一到周日，孩子的时间安排已经精确到了5分钟。每天下课后除了做作业之外，要练钢琴、运动、阅读、做英文培训，妈妈把孩子当作机器一样设置好了程序。可是，一个不到10岁的孩子，怎么可能按程序执行每一个任务呢？"不要让孩子输在起跑线上"这样的理念，制造了高强度的焦虑，让孩子失去了成长的空间。孩子被工具化后，其感受自然不被承认了。

感受力是建立高情商的基础

人际交往中往往会遇到一类人，他们目中无人，总是自以为是地侃侃而谈，只是单向地输出，完全不顾及别人的感受；当众指出别人的缺点让别人下不了台；或者在明明很严肃的场合开着不着边际的玩笑等。不明白自己为什么这么不受欢迎，为什么与别人的关系总是处不好，这些低情商表现的根本原因是缺乏感受的能力。

美国著名的家庭治疗师弗吉尼亚·萨提亚（Virginia Satir）女士提到了一致性沟通的概念，也就是在与人的沟通过程中，我们需要关注自己、他人与环境，此时就需要打开我们的感受系统。

比如，在这个环境中你是否感到舒服？对方是否能够放松？假如对方顾自言说，根本不给你机会去回应，你的感受是什么？如果仅仅把自己放在一个倾听者的位置，你会很有耐心，那么内心就不会感到不被尊重，或者烦躁，如果觉得这是一个双方交流的过程，你发现对方根本无视你的存在，拒绝你提供的信息，你的感受可能是被冒犯，有些愤怒。此时，在你面前滔滔不绝地述说的人是一种什么感受？是觉得很得意，还是觉得这个空间让他可以自由表达？当我们能够关注到自我、他人与环境这三者，并且可以进行一致性表达时，真实的沟通才会发生。

当具备感受力时，我们才会对别人感同身受，也就更能够去理解别人，产生同情，或者共情别人的感受，这样才会拉近彼此的关系。我们都知道，无论是事业上的成功，还是个人的幸福感，关系都在其中起着举足轻重的作用，好的关系不仅是一种社会资源，也是一种精神资源，支持、理解、鼓励与爱可以帮助我们穿越困难与黑暗，获得源源不断的力量。

情商的基础是情绪感受力，我们每个人的大脑中都存在着镜像神经元，它帮助我们共情别人的感受，打开理解与同情的通道，在情感上创造连接感。

瑞典科学家发现，看到一张快乐的面孔会让我们的面部肌肉做出非常短暂的微笑表情，这是一种下意识的模仿。当看到一个人痛苦时，我们可能也会眉头紧锁，这就会让他人感到被共情了。

罗伯特·罗森塔尔（Robert Rosenthal）教授发现，和谐的人际关系必须具备三个要素：彼此的关注、共同的积极情绪和一致性或同步性。实际上人际关系的核心是同理心，就是双方能体会彼此的感受和情绪，这是与人建立关系的最核心能力。

感受力是保持身心合一，获得内外和谐的途径

美国整合医学协会创始人、医学博士格拉迪丝·T.麦高瑞（Gladys Taylor McGarey）说，身体的语言才是真正值得我们信任的真相。我们是通过身体来感受这个世界的，但我们却又往往屏蔽感受，忽视身体发出的信号。这会造成某种扭曲，让我们总觉得哪里有些不对头。

身体是心灵的镜子。比如，我们意识中想要快速行动，但是身体上却迈不开步；总是感觉呼吸不顺畅，有种窒息感，可能是关系

中对方的掌控感令人无法呼吸；出现癌细胞或许是长期压抑情绪的结果；脊椎侧弯也许象征着内在承受了过度的负担；等等。

如何让自己拥有身体的智慧呢？

斯坦福大学医学博士瑞秋·卡尔顿·艾布拉姆斯（Rachel Carlton Abrams）认为，拥有身体的智慧包括能够收集到所需数据，感觉到身体内部的变化，感受到可能与这些感觉相关的情绪，然后识别出身体在试图告诉我们的信息。这样的路径可以帮助我们听懂身体的语言，从而获得身心平衡，获得内外和谐。

当我们身心合一时，就会有种顺势而为的感觉，做什么事情都会很顺手，成功率更高，也更容易获得积极的心流体验，有更多的自主感、成就感与价值感。而当内外矛盾时，人们就会感到非常纠结，有同时来自头脑与身体的两种不同声音，从而产生很严重的精神内耗，做事情就会犹豫不决、瞻前顾后，丧失行动力。

有一个30岁的男性来访者被相恋8年的女友逼婚，他对婚姻充满了恐惧，认为结婚就是跳进了火坑，可如果因此而分手他又担心自己以后会后悔，并且未来如果是一个人，他也无法克服内在的孤独感，所以他既不愿结婚，又不想放弃这段关系。

他征求了朋友的意见，每个人都基于自己的经验给了他很多建议，可是听完后，他更迷茫了。心理咨询师当然不会给他建议，只会呈现更多事实，因为每一种选择都会失去，他要跟随自己的内心或者直觉去思考，他究竟想要怎样的人生——享乐与自由还是价值与责任？是追求简单的快乐还是拓展更多的生命可能？如果被选择所困，我想他可能连简单的快乐也会丧失吧！

训练感受力

保持敏感性

我们都知道感受力是创造的源泉,而要保持感受力需要我们对这个世界有着高度敏感性。

我们对高度敏感性往往存在很多认知误区,比如,会认为具有高度敏感性的人更容易受到周围环境的刺激,会产生过度反应,并且可能需要较长时间才能平复自己的悲伤、愤怒、懊悔等情感,人们会刻意去避免让自己敏感,这样反而会错过许多珍贵的体验以及创造的可能性。

实际上,高度敏感性会让一个人比别人获得更具深度的体验,这种高度敏感性反而是一种天赋。为什么这么说呢?德国高度敏感性研究方面的心理专家卡特琳·佐斯特(Katrin Soest)认为,具有高度敏感性的人能体味生活中极其细微的感觉,能感受到生活中更多的酸甜苦辣,这会增加一个人生命的厚度与深度。获得感受力的前提是让自己保持这种高度敏感性,而不是去脱敏。

让生活的节奏慢下来

我们可能走过了许多路,经历了很多事,当蓦然回首,却发现在生命的激流中并没有留下什么,我们经过多年的奋斗与打拼拥有了金钱与地位,却时时感到内心荒芜,这是因为我们缺少了感受生活与生命的能力。

让自己向前的脚步暂时停下来,让生活慢下来,你才会体验到更多。我曾经看过很多次日出,凌晨四点多等待第一班缆车上到山顶，忍受着山上的寒意，激动地看着太阳从黄山的山谷中升起；清晨从海平面看见一轮红日冉冉升起；在工作日的早上从黑夜跑到黎明，把一个金色的圆盘甩到身后。每一天太阳都会照常升起，而真正去感受每一天，你才会发现太阳之于你又是不同的，由此将自己真正地融入自然中。

慢下来，才有机会品味你所拥有的，也才有机会感受幸福。有很多来访者会因为自己不快乐来寻求帮助，实际上他们是缺乏感受幸福的能力，总是想要得到更多，却无视自己已经拥有的。而当我帮助他们将感受打开时，他们可以在关系中看见彼此，体验爱与被爱，会为一些小小的瞬间而感动，比如，孩子第一次叫爸爸、蹒跚迈出第一步，一次与爱人的深夜畅谈，交到一个知心朋友，策划了一个活动等。

积极心理学的奠基人米哈里·契克森米哈赖（Mihaly Csikszentmihalyi）认为幸福是全身心地投入一桩事物，达到忘我的程度，并由此获得内心秩序和安宁的状态。只有放慢脚步，投入并且沉浸于事物之中，才能获得心流体验。

体验别人的生活

我们不仅能体验自己的真实生活，也能通过电影、戏剧表演、文学作品去体验别人的生活，这样的体验可以拓展我们生命的边界。

作家在文学创作前，或者演员在拍摄前会去某个地方体验生活，其目的是让自己的身心可以处在特殊的环境中，与当地人共同生活一段时间，从而获得更为真实的体验，让自己的创作或表演更贴近生活。

旅行既是体验别人的生活，也是体验自我的内心。从自己熟悉的环境去往一个陌生的地方，去看看别人的生活，则会获得更为开阔的视野。

美国小说家谢丽尔·斯特雷德（Cheryl Strayed）在她的自传体小说《走出荒野》中，描述了自己在遭遇母亲病逝、婚姻解体的痛苦时，决定开启一段冒险的旅程：历经94天，行走1 100多英里[①]，一个人穿越太平洋屋脊步道。她跋涉过荒漠高山，遇见了一个个有故事的人，面对各种人为与自然的挑战，在孤寂的旷野中，不断地回顾过去的生活，不断地反思自己。当她真正完成了整个艰辛的旅程后，也重新找回了生命的意义，并且把自己的感悟写成了这本畅销书，影响了许多在空虚与无意义中挣扎的人。

感受是一种天赋的资源，正因为有了感受，才有了人与人之间的联结。感受力是存在感与幸福感的基石，帮助我们通过感受拉近与世界的距离。

---

① 1英里≈1.609 34千米。

专注力：深度思考、学习与工作，走向专精下的量变到质变

伦敦大学精神卫生研究所曾经对1 100名公司员工进行了一项研究，发现那些不停地在电话、短信和邮件等多任务中来回切换的"信息狂人"的智商会暂时性地下降10分，相当于一整晚失眠所造成的后果。

注意力缺失领域的顶尖专家，曾在哈佛大学任教的爱德华·M.哈洛韦尔（Edward M. Hallowell）认为，注意力缺失的人更加容易情绪波动和发脾气，无法忍受压力，缺乏组织性与结构化，在冲动控制方面存在困难。

这些特点会让一个人经常拖延，或者必须在别人的督促下才能完成任务，做事经常虎头蛇尾，很难有始有终。这些都会阻碍一个人获得成就感与自我价值感。同时，因为缺乏对于情绪与冲动的控制能力，人际关系也会很糟糕。

专注地做一件事情，会产生怎样令人惊讶的效果呢？

从产品来看，苹果手机自2007年上市，一直有序地保持着一年一款新手机的迭代速度，智能手机的领先地位从未被动摇，这正是因为其在自己的专业领域保持着专注。而有些企业在拓展业务时，逐渐偏离自己的主业，涉足完全陌生的领域，比如，某房地产公司去造电动车，很可能就是一次非常失败的决策。

提出"一万小时定律"的作家马尔科姆·格拉德韦尔（Malcolm·Gladwell）认为，人们眼中的天才之所以卓越非凡，并非天资高人一等，而是付出了持续不断的努力。一万小时的锤炼是任何人从平凡变成世界级大师的必要条件。且不说坚持一万小时，哪怕能将某个行为坚持100天，你都会发现自己已经超越了大多数人。

我身边有位妈妈坚持为孩子做早餐100天不重样，结果因为这个举动，吸引了很多追随者，越来越多的人愿意加入她的社群，一方面有很多食材供应商愿意参与社群的团购，另一方面有学员愿意付费跟她学做早餐。没想到这一个小小的举动，居然成就了她的一番事业。

虽然专注力对我们如此重要，但我们所处的环境却会对我们造成越来越多的分心。

数字时代的分心

诺贝尔经济学奖得主赫伯特·亚历山大·西蒙（Herbert Alexander Simon）认为，信息消费的是人们的专注力。在人们的专注力越来越稀缺的时代，所有的商机似乎都在最大限度地抢夺人们的专注力，顾客的眼球就等于市场的通行证。在利益的驱动下，互联网平台会通过大数据投喂信息来满足人们的需要，让人们迷失在数字洪流里。

短视频需要在1分钟之内给出足够多的信息，高流量的视频往往在前10秒就能吸引观众的注意，它们用一些夸张的方式吊起人们的胃口，通过强刺激来让人兴奋，类似于精神鸦片在大脑中制造多巴胺，让人们获得快乐的体验。只不过，这有点儿像一直吃重口味的食品，再吃其他的食物就会感到索然无味，长此以往，人就更加无法专注于那些需要付出艰苦努力的工作与学习，因为坚持去做一件需要长期投入的事情可能获得的心流体验是很微弱的。

影响过埃隆·马斯克、理查德·布兰森、诺瓦克·德约科维奇等诸多成功人士的大脑教练吉姆·奎克（Jim Kwik），是一位在记忆力提升、脑力优化、快速学习方面公认的世界级专家，他提到信息爆炸对我们的专注力、学习力、思考力的伤害。信息流会产生数字多巴胺，让我们每天耗费大量的时间与精力流连在网络世界，导致无法深度学习，无法深度工作，难以维持稳定长期的亲密关系。

当我们特别依赖搜索引擎时，实际上是将我们的记忆外包给了互联网，这很容易造成数字痴呆，极大地影响我们的学习能力。经常花费大量时间在网络上浏览各种信息的人，记忆力会严重下降，经常会话到嘴边就是想不起来。在数字洪流中，越来越多的人参与制造各种信息垃圾，在信息泛滥与信息轰炸中，我们丧失了判断能力、推理能力，甚至被困在了信息茧房里。

专注力对一个人的影响

心理方面的影响

无法专注会给人们带来很多糟糕的心理体验，如烦躁、焦虑、挫败感、混乱感与失控感。这些情绪反过来又会影响一个人的专注力。

我们在多任务中不断切换，或者在专注工作时被电话或者同事打断时，内心就会感到非常烦躁。这样的分神可能会导致错误，或者打乱刚刚整理好的思路，此时需要重新整理好情绪才能再次回到工作中。

另外，频繁的变动，也会增加不确定感，影响内在的稳定性，对于未来的预期也会有更多不安，很容易激起焦虑的体验。而专注会让一个人更容易进入心流，从而获得幸福感。

在工作中如果没有专注力，干活总是东一榔头西一棒槌，完全没有章法，缺乏秩序，就容易陷入混乱与失控的状态，给人一种乱糟糟、理不出头绪的感觉，这种混乱感让人非常崩溃，甚至想要逃离工作。

当然，情绪同样会影响我们的专注力。例如，因为某个不公平的事件而感到非常愤怒，脑海中总是闪现那个令你感到耻辱的场景，此时你是很难把注意力放在当下应该完成的工作任务上的。不过，假如你有调节情绪的能力，也就是调整自己的呼吸，迅速将自己的专注力放在呼吸上，回到此时此地，那么你就可以让自己的内心重新回归平静。

关系方面的影响

我们都渴望在一段关系中被关注、被看见、被尊重，这是建立与发展一段长久而深入关系的基础。只有关注到他人的情感与需要，才能给予别人恰当的回应，才会有信任的产生。

国际著名情感问题专家利尔·朗兹（Leil Lowndes）对男女两性在情爱观念与行为上的差异进行了饶有趣味的分析，她发现两性之间的眼神交流是坠入爱河的关键，它包括悠长的凝视、眷恋的眼神等。凝视让你感觉到自己是有价值的，是独一无二的，是被欣赏的，也是对方心中的唯一。假如丈夫回到家总是盯着手机，夫妻两人聊天时也抱着手机，妻子就会感到丈夫根本没有专注在情感交流上，这样的交流往往会令人失望，达不到沟通的目的。

在母婴关系中，母亲是否能够专注地对待一个孩子，对他的健康成长尤其重要。当母亲把注意力投注到婴儿身上时，才能发现婴儿的生理规律，也才能与婴儿同频，从而满足婴儿的需要。我们经常会看见母亲自己看手机，漫不经心地喂养婴儿，这样孩子就无法从母亲的眼中看见自己，他就会感到自己置身于一个没有回应的世界。

我们想要与人建立关系，专注的倾听是非常重要的沟通技能。倾听是一种态度，表达的是自己对另一个人感兴趣，并抱以善意。

职业方面的影响

正如前面提到的"一万小时定律"，虽然时代瞬息万变，但我们仍然需要在自己当下的专业领域保持一份专注力，专注才能出成果。

企业或市场更需要的是T型人才，也就是既有广度又有深度，而拓展广度的基础是至少先精通一个领域。胡适先生在24年间先后获得了很多学位，在中国近现代文学、哲学、史学、考据学、教育学、红学等诸多领域都有极高的影响力。其实,学科之间的知识有很多是相通的,尤其是人文社科类的,再加上他超强的学习能力,这也是他能在较短时期内获得如此多的学术成就的原因。

我在学习心理咨询的过程中遇到了很多同路人,不过,回头看看,很多心理咨询师都在中途放弃了,这也与缺乏专注力有关系。心理咨询的学习需要持续地投入,包括金钱、时间和精力。专注背后实际上是对于这个行业的热爱,没有热爱激发起的内在动力,是很难在这条路上走远的。很多人羡慕心理咨询师的工作,觉得收入很高,工作时间自由,动动嘴皮子就可以月入上万。而真正做起来就会发现,远没有那么简单。对于新手心理咨询师,因为没有客户积累收入相对很低,有的根本无法支撑后续的学习与生活费用,很多人因此不得不放弃这个职业。

在帮助来访者做职业规划时,我发现有一类人在职场中频繁跳槽,一直找不到自己的定位,无法在一个领域做下去,既不能抓住升职的机会,也没有培养出什么核心技能,似乎懂了很多,但稍微深入地问一些问题就不知道该如何回答,这就是缺乏实践历练的结果。

女孩孙玲在高考落榜后来到深圳,成为流水线上的一名工人。在上高中时,一次很偶然的机会,她接触到了计算机代码,这激发了她对计算机的兴趣。她憧憬着有朝一日可以坐在明亮的办公室里,成为一位程序员。她拼命打工赚钱,把攒下来的钱都用在了编程的培训上,几年之后她终于成为一名白领。她并没有就此止步,而是在这个领域继续深造,同时学习英语,拿到了本科学历,最终幸运地被美国硅谷的一家公司录用,成为一名软件工程师。一个只有高中学历的女孩因为专注,最终实现了自己的梦想。

效率方面的影响

脑科学研究发现,人们的专注被外界干扰时,重新集中专注力需要10~15分钟。在心理过载、应激反应、睡眠剥夺以及其他消耗状态下,认知转换所需的能量更多,这也是导致专注力难以转移的原因。所以在多任务中不断切换,或者工作不断被强制中断,会极其耗费时间与心理能量,这往往会导致效率下降。

《哈利·波特》的作者J. K. 罗琳(J. K. Rowling),在完成这个系列最后一部作品时遇到了创作瓶颈,因为她前面几部作品的巨大成功,让粉丝对她有着极高的期待,这让她倍感压力。为了能够免受干扰,她包下了爱丁堡市中心的一间五星级酒店套房,在酒店里完成了最后一部作品。

曾经是妇产科医生,后转行投资与咨询领域的冯唐,对写作产生了浓厚的兴趣。他曾经只身到国外闭关半年写作,直到完稿才回到国内。他说在国内的朋友很多,有些应酬必须参加,所以在一个完全陌生的环境,可以让自己静下来写书。

他们两人都选择了远离人群,在无干扰的情况下,进行长期专注的活动,这样才能让自己的脑力得到充分利用,从而高效地达成目标。

组织氛围方面的影响

可以说,一个领导的专注力决定了一个企业的组织氛围。比如,某地产公司的领导酷爱跑马拉松,企业内部也会组织一些与马拉松相关的活动，包括赞助一些马拉松比赛项目，这也成为企业文化与品牌的一部分，给人们呈现出一种积极健康的生活态度。

领导如果本身是技术出身，就可能会投入更多的精力在技术变革层面，而如果是专长于组织并购，可能就会专注于资产运作，不同的领导风格就会具有不同的组织氛围。

为什么无法专注？

人几乎时时处在一个被干扰的状态，这种干扰既来自外部，也来自内在。外部的干扰包括环境的噪声、别人的批评与指责、重大生活事件、关系中的冲突等。内在的干扰则来自内心的冲突与矛盾，比如，想分手又舍不得分手，想离职又害怕离职等；还有来自内在的批评声音，比如，你不够好、你无能等，我们也把这类干扰称为心灵的噪声。

这些外部与内部的干扰会带来感觉上与情绪上的波动，这种波动往往会分散我们的注意力。

有些高敏感的人受这些干扰的影响更大，通常有点儿风吹草动就会产生很大的情绪波动，而且持续时间很长，无法很快恢复到平静状态。内在冲突比较多的人会把关注点放在冲突上。这样造成的精神内耗会阻碍我们做那些应该做的事情。

我曾经接待过一位留学生来访者，他在截止日期一个多月前就计划准备签证资料，但是一直没有行动。当截止的日子越来越近，他变得越来越焦虑，每天都在做与不做之间挣扎，根本无法静下心来去准备资料。实际上，最让人分心的是大脑在自言自语，当内心安静了，注意力就回来了。

另外，当一个人陷入情感旋涡中无法自拔时，也会无心去做任何事情，甚至过去非常喜欢、感兴趣的事情都无心去做，情绪成为分心的罪魁祸首。那些掌控情绪的高手，往往不会受情绪控制，可以很快地从负面的情绪中跳脱出来，回归到理性层面，让专注力再次回来。

当然，那些无聊、无趣、无意义的事情往往很难让我们专注，所以事物本身是否能给我们带来愉悦感与价值感，也会影响我们的专注力。假如在做事情的过程中，始终没有反馈，尤其是正向反馈，完全靠意志力去强制性地专注，也会很快有非常疲惫的感觉。

一个人专注力的缺乏，可能还需要追溯到他的养育环境，也就是他在早年是否有过专注力习惯方面的培养或训练，或者他是否经常被侵入或者被干扰。比如，孩子很专注地在玩游戏，父母却不断地打断孩子，指挥孩子做这做那，这就会影响孩子专注力的形成。

如何培养专注力

解决专注力问题的办法是让干扰最小化。如何降低干扰呢？我们主要聚焦在专注的方向、时间管理、专注的范围、环境以及结构化这五个方面展开论述。

专注的方向

通常我们需要关注以下三个方向：第一，对自我的专注，也就是在了解自己、理解自己的基础上去关爱自己、照顾自己；第二，对他人的专注，也就是对他人的非语言信息、情绪信号、微表情等保持专注的态度,对他人具备情绪同理心、认知同理心,可以围绕共同关注的内容展开对话,并且在身体上、情感上同频;第三,对系统的专注,包括外部环境系统以及关系系统,也就是对氛围的关注,以及关系中互动模式的理解等。

一段关系的建立与维持取决于专注力的强弱,以及专注的三个方向之间的平衡。假如一个人总是以自我为中心,只关注自己而不关注别人,就无法长久维持关系;如果只关注别人而不关注自己,在关系中就会非常委屈;还有的不关注系统,总去讨论一些不合时宜的话题,都会对关系造成负面影响。

时间管理

根据成年人的专注力时长研究,意大利"重度拖延症患者"弗朗西斯科·西里洛(Francesco Cirillo)发明了番茄工作法,也就是设置一个番茄钟的时间为25分钟,在这25分钟之间只允许专注地做一件事情,当按下番茄钟时,倒计时就开始了。25分钟到了之后,休息5分钟,然后再开始第二个番茄钟时间。

这是一种非常高效的提升专注力的方法,强制性地排除干扰,减少中断,减轻时间焦虑。特别是在被各种数字产品包围的时代,这种方法可以有效地限制自己被电子设备分心。我们要明白,25分钟不接电话、不回邮件不会给我们的工作与生活带来多大的影响,但是我们可以在25分钟之内完成一个既定的小目标。

专注的范围

专注力还会受限于专注的范围。美国心理学家乔治·A. 米勒(George A. Miller)提出了专注力上限的理论:一个人的专注力上限是7加减2,即5~9个信息单元。正因为看到了专注的局限性,我们才更需要去确定自己专注的重点，并且将自己限定在这个可执行的范围之内。

实际上，每个人的专注力都会受到诸多限制，例如，你想专注投入工作，这意味着你分配给孩子的专注力就会减少。

那么如何去平衡与选择呢？从家庭生命周期理论以及个体发展理论中我们会发现，每个人以及每个家庭在生命周期的每个阶段都有其需要完成的主要任务，我们可以遵循这样的发展规律，结合自身的情况，找出当下应该专注的主要任务。

比如，一位30岁的女性正处在职业发展上升期，她刚生了宝宝，要如何去做选择呢？对于一个新生儿来说，他是需要妈妈全身心地照料的，而在未来的3~6年都是孩子成长的关键期，错过孩子的成长，将再也无法回头，当意识到这些时，可能这位女性就会将注意力更多地转向家庭。

你的专注力在哪里，那么你的成就就在哪里。所以，在育儿、家庭、关系、职业发展等方面，你更看重什么，你就将专注力更多地分配到这个领域。

环境

密歇根大学专注力恢复理论的创造者史蒂芬·卡普兰（Stephen Kaplan）认为，最适合放松的环境是大自然。保持着某种"松弛感"会让我们更容易重新投入专注力。

另外，拥有一个独立的空间，暂时将自己封闭在一个不被打扰的世界，把周围物品整理整齐，或者将一切有干扰的物品移开，都是在创造一个无干扰的环境。

结构化

每个人的生活都需要结构，它可以让我们在有规律的生活中，保持着某种惯性的、自动化的专注。结构指的是外部的控制，它可以补偿内在缺乏的自控力。使用外在的结构去建立秩序，比如，设定清单、记事本、档案和仪式、时间表、期限等，可以让我们沿着既定的方向去行动。

心理咨询中的设置也是一种结构化，如固定时间、固定地点的碰面，会让来访者在这50分钟内专注于自身的体验，从而获得内在的成长。

麻省理工学院计算机博士卡尔·纽波特（Cal Newport）提到深度工作的四个原则：将深度工作变成一种日常习惯；远离社交媒体，谨慎选择网络工具；砍掉肤浅工作，掌控工作的主动权；减少对分心事物的依赖，实际上就是将专注力投入工作中，以达到深度工作的状态。这是那些行业翘楚一直践行的方法。我们也可以用这样的原则来将我们的专注力投入到自己真正喜欢、能带来幸福感，并且可以创造人生价值与意义的事情上去。

逻辑力：理清思路、化繁为简、精准表达、解决问题

所有的错误都与逻辑有关，逻辑是智慧的开端。逻辑混乱会造成判断失误，从而导致决策上的致命错误，让我们痛失机会，不得不承受错误甚至是灾难性的后果。

生活中的常识、沟通辩论、语言表达、项目管理、商业模式选择等都离不开逻辑。人际关系，价值观，以及商业、金融投资都有其底层逻辑。具备逻辑力的人，更有机会站在金字塔尖，看到事物的本质，从而找到问题的最优解。

在当今信息爆炸的时代，甄别信息，更好地利用信息，都需要超强的归纳、整合以及提取信息的能力，能够发现其中的谬误，从而看到事件的真相与本质，这就是逻辑思维能力。

在心理咨询中，我也常常会遇到那些被逻辑问题所困扰的来访者，在他们被情绪所裹挟的语无伦次的讲述中，作为倾听者，我需要去帮助他们提炼内容，将那些混乱的信息用清晰的语言表达出

来，去做进一步的澄清，这就像来访者带着一团乱麻而来，而我在不断地抽丝剥茧，将那些模糊的内容清晰化、具体化，将混乱的内容结构化，这实际上也是一个逻辑化的过程，可以帮助来访者学会更有效地思考。

洞悉底层逻辑，看见事物的本质

刘润在《底层逻辑》这本书中指出，底层逻辑是指找到不同之中的相同之处，变化背后不变的东西，这实际上就是一种通过现象看本质的方法论。

如何确认这个观点是符合逻辑的？如何看到事物的本质？如何找到事实真相？如何才能在沟通中更有说服力？

首先，运用提问的逻辑，可以让我们直指本质，发现真相。

一些做深度调查的记者在采访前会从读者的角度出发，准备一份问题清单，层层递进，去探究事实真相。在设置问题清单时，我们可以按照5W2H的原则对事件进行全方位的提问。5W的第一个W指的是Who，就是谁干了这件事，或者事件的主角是谁，事件与谁有关；第二个W指的是When，也就是这个事件发生在什么时候；第三个W指的是Where，即事件发生在哪里；第四个W是指What，也就是究竟发生了什么；第五个W指Why，也就是为什么会发生这样的事件。2H的第一个H是指How，事件是如何发生的；第二个H是指How many，或者How much，也就是事件造成了多少损失。

我们在生活中想要判断对方是否在讲述事实，也可以用5W2H的方式来提问。比如，某个部门主管向公司提出某个员工工作表现达不到公司的标准，要求公司辞退这名员工。公司开始针对这个事件展开调查。

首先是Who，当事人是某个部门主管与某个员工，针对这个部分，我们就可以有很多疑问：部门主管与员工之间是否有私人恩怨？部门主管为什么会认为这位员工的表现有问题？其他员工是否使用了同样的考评标准等。

接下来是When，我们要跟部门主管确定，员工自什么时候开始表现不好？还是从入职起就一直这样？我们的人员面试与选拔机制是否有问题？

然后是Where，员工是在什么情境下不能达标？是在办公室的工作效率不高，还是在家里拒绝及时反馈工作进度，还是出差外地与客户的会面缺乏专业性？

还有What，部门主管认为员工有什么地方不符合公司的标准？这个部分需要非常具体，并且提出相关的证据。

对于Why的部分，我们要问问：为什么会这样？是部门主管给予员工的培训不够，资源不够，或是领导力欠缺，让员工产生抵触情绪，还是员工自身的能力不足或者态度问题？

最后是How的部分，我们可以思考一下：这个事件是怎么发生的？部门主管是否有帮助员工适应岗位，员工是否将自己的困难向主管反映过，他们之间是否做过深入沟通？辞退这个员工将会给企业带来多大的损失？如招聘费用、培训费用、劳动补偿、企业商誉、其他员工对于企业的归属感等，又会给员工带来什么样的心理伤害？

我们通过这几个方面问题的梳理，基本上可以了解到事实的全貌，从员工、部门主管以及公司三方面去考量，最终发现企业在管理中的问题与漏洞，从而提升公司的管理水平。

还有一种发现真相的方法是运用逻辑去辩论，目的不一定是说服谁，但呈现真相的过程可以帮助我们达成沟通的目的，创造有效沟通的可能性。

《简单逻辑学》的作者总结出了达成有效沟通的6个关键点。

第一，全神贯注地观察，在细节上下功夫。这可以让我们获得有关事实的第一手资料。

第二，确认事实。亲临现场可以获得更多信息。当然即便在现场，我们也不一定会获知事实的全貌，这时我们需要去大胆质疑，小心求证，并且多方验证。比如，有人转发了一条信息，你就需要了解这条信息是来自比较权威的渠道，还是某个自媒体个人账号；确认事件发生的时间是当下还是很多年以前；也可以通过别的渠道去验证，这样就不会被错误的信息所误导。

第三，检验观念与事实之间的关系。观念是对客观事物的主观反映，也就是基于事实所做出的判断或者结论。当观念与事实之间的关系扭曲时，我们就可以认定这个观念是错误的。比如，小明是小学生，他就不是中学生。你说小明既是小学生，又是中学生，这就产生了矛盾，也就是说只有一个可能是真的。

第四，确认观念的来源，是客观的还是主观的。也就是区分观念是来自我们所观察到并且确认的事实，还是我们的主观创造和臆想。在心理治疗中，我们评估一个人的心理状况其中一个非常重要的指标就是他是否有现实检验能力，能否通过澄清了解事实。假如这个人声称老是听到有人在背后说他的坏话，我们就需要去了解一下，是否真的有人总说他的坏话。

第五，澄清错误观念，错误观念是对客观事物偏离其本源的错误反映。也就是我们要确定这个事物的概念是在同一个沟通语境中，并且为对方所认可。比如，我们讲到亲密关系，通常是指原生家庭中的亲子关系以及伴侣之间的关系。如果某一个人内心的亲密关系只是限定在伴侣之间，而另一个人内心的亲密关系就是指与父母的关系，在沟通时就会产生歧义。

第六，用合适的语言表达观念。如果我们没有一定的逻辑顺序，或者词不达意，也就是对某些用语不去解释或者不做限定，这些表达上的不清晰都会使人产生错误的理解，从而导致沟通上的障碍。

逻辑思考力：职场的基本功

如何让自己在职场中脱颖而出？如何向上司或客户有效表达自己的意见？如何提出自己的需求并获得支持和理解？

曾经有位来访者向我咨询，她感到自己在公司里受到不公平对待。那些会做PPT的、会表达的员工获得了更多晋升机会，而默默干活的她却总是被忽略，这让她感到非常委屈而愤愤不平。实际上，在职场中，真的需要很强的逻辑表达力，这恰恰是她不擅长的。有时她向上司描述一件事情，说了半天都没说到点子上，这让她事后非常懊恼。

清晰简洁的表达就是在短时间内将必要信息传达给对方，最常用的方法就是"结论先行"，也就是遵循PREP模式。P（Point）指的是结论，R（Reason）指的是依据，E（Example）指的是具体事例，P（Point）指的是重申结论。这就是清晰表达的内在逻辑。

由于有位关键岗位的员工因为工作超负荷，导致工作无法及时完成而被其他部门投诉，所以她想向上司申请增加人手。她向上司表达自己的工作需要支援，上司的理解却是她的工作能力欠缺，给她提供了一些培训机会来提升能力，这与她内在的真实需要可谓大相径庭。

针对这件事情应该如何去表达呢？我们按照上面的方式，首先亮明自己的观点，我这个岗位需要增加人手，原因有三个，第一是最近有一位员工离职，她的工作量全都压在了我一个人身上，导致自己加班也完不成工作；第二是因为无法按时完成工作任务，导致项目延期，会给公司整体项目运营造成影响；第三，因为长期加班得不到很好的休息，导致工作中更容易出错，工作质量可能会下降。还可以把自己以前的工作量与现在的工作量列出来，至于其他部门的投诉，澄清并非自己不胜任工作导致的。事实上，她在过去的工作表现以及工作能力都得到了同事与上司的认可。最后再次给出结论，也就是增加人手已经迫在眉睫了。这样的表达有理有据，让上司不得不考虑其严峻程度，并尽快做出回应。

那么，提建议的基本原则是什么呢？通常我们的大脑更容易理解有逻辑的叙述。在向上司提建议时，我们可以使用云—雨—伞的理论。这个理论来自一个生活中的常识：天上出现了乌云，可能要下雨了，我最好带上雨伞。

"天上有乌云"是事实，"可能要下雨"是基于事实基础上的分析，"带伞"是行动或解决方案。

如何给领导提建议呢？我们还用上面那个例子来说明。被其他部门投诉是事实，原因是部门员工离职，工作量超负荷，提出的建议是增加人手以保证公司重要项目的按时完成。这种诉求表达非常清晰，理由也比较充分，也就更有说服力。

运用金字塔原理，找到人生答案

有一位36岁的女性来找我做职业方面的咨询，她对自己目前所做的财务工作很不满意，一点也提不起兴趣，也不想在这个专业领域深入下去，所以对于考取各种资格证书也完全没动力。现在她很迷茫，不知道以后要干什么。

针对未来要干什么这个问题，可以运用金字塔原理，在以下四个方面展开讨论：过去工作中的能力；在哪些方面具有天赋；自己的兴趣是什么；自己的性格特点。

在能力方面，包括语言表达能力、财务分析能力、数据统计与分析能力、沟通能力等；在天赋方面，她有很强的内省能力、运动能力、音乐感知能力；在兴趣方面，她对艺术与文化有热情；在性格特点上，她对事认真负责，对人也比较平和且容易相处，乐于助人。

综合这些特征，她后来考取了国家二级心理心理咨询师，专门从事团体艺术治疗，通过舞蹈带领团体做心理疗愈的工作。如今，经过5年的深入学习与实践，她对这一行越来越热爱，仿佛重新活了一次，也越来越自信了。真的无法想象，一个会计可以从事与艺术相关的心理治疗工作，这就是利用金字塔原理追根溯源，找到了适合她性格特点，与兴趣相匹配，可以充分利用其优势的事业。

金字塔原理是由麦肯锡国际管理咨询公司聘请的首位女性咨询顾问芭芭拉·明托（Barbara Minto）提出的一种写作的逻辑方法。

它的四个基本原则是：结论先行，以上统下，归类分组，逻辑递进。逻辑是思维加工的过程，而金字塔原理作为一种简单实用的逻辑思维模式，在我们的生活场景中有着非常广泛的应用。下面的模型都是在金字塔原理的基础上演绎出来的，如图2-2所示。

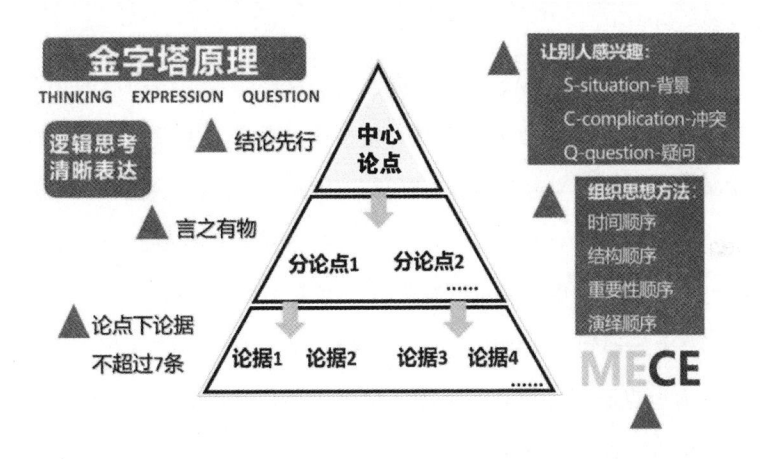

图2-2　金字塔原理及其演绎模式

思维需要结构，结构化就是建立模型与规律的过程。黄金思维圈模型就是一种新的建构，从外至内去思考做一个新产品，在知识付费领域就是设计一门课程，然后去研究通过哪些方法或措施让课程更有吸引力，最后才去考虑为什么要设计这门课程。

实际上，这种思维方式所设计出来的产品往往在推向市场后不会有太好的反应。反过来，在设计产品时首先思考我为什么要做这款产品，它的目的是什么，可以满足市场的哪些需要，然后再考虑怎么做，最后设计出终端产品，这样的产品在市场上大概率是受欢迎的。

被称为"最会说故事"的作家许荣哲在《小说课》中提到了一个故事入门的教程，通过这样的一个教程，你可以3分钟讲好一个故事。

我们把这个称为故事公式：目标—阻碍—努力—结果—意外—转弯—结局。

我们来看看谢丽尔·斯特雷德根据自己亲身经历完成的小说《走出荒野》中的故事线，是否是按照这个套路来完成的。谢丽尔·斯特雷德因为母亲的病逝以及自己婚姻的失败，决定独自一人徒步著名的太平洋屋脊步道，女主人公的目标开场就已经很明确了，走完长达1 100英里的荒野步道，找寻生命的意义。

路上她遇到了各种阻碍，鞋子磨破了脚，野外险象环生，但她都努力地克服了。穿越沙漠无人区到了阿什兰小镇，按照原定计划，她将会在镇上邮局收到朋友寄来的250美元的旅行支票，她原以为阿什兰就是徒步的终点，自己终于回到了人间，但当她满心欢喜地到了邮局，才发现并没有想象中的补给箱，这意味着她身上只有2美元29美分，而后面她需要住青年旅馆，也需要食物，这是一个意外。

她在镇上游荡，盘算着下一步该怎么办，但同时她仍然不死心，再一次去了邮局，结果真的找到了那个补给箱，令她欣喜若狂，这是一个转弯。最后的结局是她顺利走出了荒野，站在了终点，她疗愈了自己，并且学会了释然。

我们在叙述时，需要遵循一定的逻辑顺序，才能更清晰地表达。逻辑顺序通常有时间顺序、结构性顺序、重要性顺序，这些顺序可以帮助我们更好地接收与处理信息。比如，在汇报工作时，我们可以按时间顺序来呈现工作的进度；也可以把工作任务拆解到相关的各个事业部，这就是结构化顺序；还可以按照重要程度来排序，先说最关键、最重要的事情，后说不太重要的事情等。

在写作中最常见的三段论也是运用了金字塔原理中的演绎推理，先描述现象，再分析原因，最后给出解决方案。在心理科普文章的创作中，我就最喜欢运用这样的结构。比如，一个8岁的孩子偷了父母的钱，这是一个事件，接下来我会分析孩子行为背后的原因：可能父母对孩子比较严苛，不给零花钱；或者父母对孩子很忽视，孩子想通过这样的行为求关注；还可能是孩子不敢向父母提要求，因为害怕总是被拒绝等。最后针对每一个原因来给出有针对性的办法。

在网络信息时代，知识变得越来越易于获得，似乎动动手指上网一搜就能找到解决方案，知识好像也变得不那么值钱了。的确，知识本身并不值钱，知识的演绎才值钱，而演绎则需要逻辑。

我们还会发现这样一种现象，就是上了同一堂课，学生们掌握的知识水平会有很大差别，有人可以举一反三，而有人却只能按部就班，差距实际上就在逻辑能力上。

我在学心理咨询时，曾经遇到过一位医学博士，他听完一堂课就很自然地用逻辑树将散乱的知识点进行归纳总结，做完就基本已经记住了80%的课堂知识。

逻辑力，可以帮助我们准确获取信息、处理信息、管理信息，并且进行结构化的清晰表达，让我们拥有独立思考的能力，并且快速找到解决问题的办法。

预见力：预见未来发展与潜在危机

在众多领域，大多数成功人士都能够抢在其他人之前做出连续而且精确的预判，这几乎是所有成功者的共性。而根据当前的情况以及不准确、不充分的信息做出较为准确的预判，是一项非常宝贵的竞争优势。

每个人都有一套本能地保护自己的方式，包括生理和心理两个层面，而这里起关键作用的就是预见力。在面对危险时，人在进化过程中发展出三种模式：战斗、逃跑以及僵住，而采取什么样的应对方式，其实是基于对自身的能力以及对手、环境的危险程度的预判。当遭遇到强劲的对手时，如果发生肢体冲突，很大概率你不会自不量力地去跟人肉搏，而更可能采取逃跑的模式来保全自己。在面临这种紧急突发事件时，人们可能根本来不及思考，通常是依靠本能做出预判。

在心理层面，人们也同样会发展出一套保护自己不受伤害的模式，而且大多是潜意识层面的。可以这么说，潜意识是非常聪明的，它会选择当下最合适的方式来应对情感上的痛苦，比如，在突然失去亲人时有意否认现实，可以让我们有一个缓冲期，而这可能来自潜意识的预测，就是你无法立即接受亲人离去的事实；还有，医生在进行手术时可能会采取情感隔离的方式，这样可以防止他们被情感所淹没而无法行使一个医生的职责。

成功做出预见会令人满足，并且带来一种安全感与确定感。人类一直在不确定中寻找确定感，这也是准确预测结果的魅力所在。在认知层面，假如能预测到最糟糕的结果是怎样的，我们就会思考，这个结果是否是自己可以承受的，如果这个最差的结果可以接受，那么我们的焦虑感就会降低。

在面临艰难选择时，我们也很期待自己能够做出客观而精准的预测，从而做出最适合自己的选择。假如有两份工作，但各有利弊，我们就需要依据两家企业已有的信息、自身的优势等多方面的评估，去预测自己未来在哪一家企业可能获得更好的成长、更多的发展机会以及更优厚的待遇等。尤其是在非常关键的选择上，如选择专业、行业、伴侣、生活的城市等，错误的预见及选择会让一个人错失很多机会，甚至引发人生悲剧。

预见是一种基于知识与经验的能力

我们都期待具有未卜先知的能力，假如能预知灾难的发生，就可以避免给自己带来生命与财产上的巨大损失。精准的预测，可以为个体以及社会节约更多资源。

有一种较为悲观的说法，"我们不知道明天与意外哪一个先来"，而对于意外的预测，真的可以带来生的希望。

有位30岁的女性从小被父母严格管束,从未谈过恋爱,也未与异性有过稍微亲密的接触。在相亲认识了一位男士几天之后,她被邀请去某个度假村一起过周末。到了酒店后,男士只安排了一个房间,这位女性隐隐感觉有些不对劲,但还是跟着男士进了房间。当然,后面发生的事情,大家可能猜到了。男士想要与这位女性发生性关系,这令她非常震惊,她完全没有意识到情况会向这个方向发展。

实际上,因为缺乏两性关系的知识与经验,严重影响了这位女性对事物的预见与判断能力。她是否有保护自己的风险意识?自己对这个人了解吗?他是从事什么职业的?他想要与自己建立一种什么样的关系?而在接受邀约之后,两个成年人之间会发生什么?如果没有做好心理准备,如何去拒绝?实际上,如果没有这样的预判,真的有可能将自己置于非常危险的境地。

当然,被严格管束的女性,也可能会走入另一种极端,就是将外面的世界简单化为危险的世界,夸大性地预判,周围的人都是危险的,都是具有破坏性的,这样也会阻碍她进入一段亲密关系,难以与人建立信任关系。

在这里,经验就显得尤为重要。经验的获得一方面可以通过书本或者参考别人的经验,另一方面可以从自己的亲身经历中获得。比如,在很小的时候,父母会告诉我们火很危险,我们获得了这样一个知识,但实际上那只是一个概念。而当父母把我们的小手靠近火苗,让我们感到痛时,我们就会有更深刻的体验。当下一次靠近火苗,我们会本能地缩手,因为我们凭经验预见到了潜在的危险。

很多职场白领在分享自己的职业成长经历时常常会说,幸亏当初带我的导师传授给了我很多人生经验，让我少走了很多弯路，避免掉进坑里。我们看别人的人生，虽然无法复制，但至少某些原则是通用的。

在《靠谱》这本书中，作为顶尖心理咨询师的作者大石哲之采访了多位活跃在各行各业的成功人士，总结出了30个工作技巧，帮助职场新人高效沟通、快速推进工作、完善资料内容，并在自己的岗位上创造更大的价值。

当具备了通用技能，我们就可以预见工作中的困难，了解自己的短板在哪里，从而避免栽跟头。

大脑在预测中的功能

大脑是一个可以做出预测的机器，大脑将不断积累的经验转化为记忆并存储，然后在遇到需要解决的问题时从记忆中调取信息，基于经验做出预判，并且不断地将自己的预判与实际发生的情况进行对比，调整后再做出新的预判。

大脑新皮质的上层脑细胞和下层脑细胞之间不停传递的信息是双向运动的，这是一个永不停息的循环：预测、对比、识别、调整。这就是大脑的预测循环系统。无论预判的结果如何，不论正确与否，我们都能从中获得新的知识与信息，这也为下次的预判奠定了基础。

在相亲之前，我们会根据已有的信息做出预判，在见面之后将现实中这个人的表现与预判结果进行对比，然后识别哪些内容是自己的误判，哪些预测得到了验证，从而对这个人的整体印象做出调整。这也解释了为什么对一个人的初始印象如此重要，即使这个过程非常短暂，也许就是几分钟的见面，可能就已经决定了你是否会喜欢上这个人。

我们的预判可能也掺杂着很多的想象，预判是基于已知或者公开的信息，想象可能更多的是基于幻想。比如自己期待的伴侣是怎样的，在理想化的阶段，构建出来的就是自己期待的样子，而并非他真实的样子。当然我们不排除在建立关系之初，人们为了博取好感所做的掩饰与伪装，这就更加需要通过我们前面提到的预测循环系统获得较为客观且真实的信息了。

比如，有位女性总结自己是恋爱脑，也就是一旦进入亲密关系就失去了判断能力。其实在交往过程中有很多蛛丝马迹表明，男友对她有很多隐瞒与欺骗，或者并非真心地想要与她进入一段长久的关系，但因为她过多地使用情绪脑（左脑），而较少地使用理性脑（右脑），所以就会产生错误判断。

预测力让我们有选择地关注那些真正重要的事物，并且对不断涌入的海量信息进行筛选。对于每天走的道路，你非常熟悉，知道哪个位置不够平坦，哪里会有一个障碍，即使在漆黑的夜晚，你都可以熟门熟路地走回家，这时就不需要耗费精力对每一步做预测了。

门捷列夫在进行元素周期表的研究时日思夜想，结果在睡梦中获得了灵感，预测到了缺失的新元素。那些有成就的科学家、艺术家，大多有一种痴狂的特质，这是因为他们完全忽略生活中的其他事物，将所有精力都投入了某个科研项目或者某个艺术领域中，如数学家陈景润潜心投入数学的世界做出假设猜想，但在生活中却连普通的、常见的商品的名称都叫不出来。

预测对个体的影响

前面我们也提到了预测失误可能会给商业带来严重影响，对于个体来说，这种失误毋庸置疑会影响工作、生活的方方面面。

人在每一次行动之前都在不断地做出预判，即便是对一些很微小的事件的误判都可能会给自己带来诸多烦恼和麻烦，甚至一些破坏性的结果，可见预判对每个人都是十分重要的。比如，这个人值不值得交往下去？这项工作需不需要向领导汇报？我要不要跟他多一点自我暴露？你看，在做决定之前，人都要去预测这样做的后果是什么，能给我带来什么好处。

另外，预测能力对一个人的职业发展甚至人生都会产生深远的影响。比尔·盖茨的成功可以说是一个运气累加的过程，而这背后也有着预测的力量。生于1955年的他正好赶上了个人计算机的第一波浪潮，而他的母亲为他选择了一所全美唯一为学生提供免费、不限时的计算机终端的中学，在那里他学到了良好的编程技术，为未来的计算机事业奠定了基础。当然后面达成与IBM的合作，拿到自己的第一桶金，最后成为世界首富，是天赋、努力、运气与预测力的完美结合。

我认识一个在做个人品牌方面很厉害的女性，她已经做到年入千万的水平，但是她曾经真的是一个很普通的人，没有资源，没有背景，也没有很高的学历，她是如何走到今天的呢？其实她最厉害的就是预见力。她在初入职场，只是一个打杂的小姑娘时，就有了个人品牌意识。她在工作中总是能做到超出领导、客户的预期，之所以能做到超预期就是因为她具备预测领导、客户需要的能力。她不仅在企业内部积累自己的品牌价值：工作只要交到她手上就让人很放心；同时也很注意积累自己的人脉，这些都成为她踏上做个人品牌之路的基础。她给自己做了一个8年规划，而这8年正好遇见了中国互联网的高速发展，也让她有了爆发性的成长，预见与规划，成就了今天的她。

在人际关系与沟通方面，准确的预测亦可以拉近关系，达成沟通目标。"读心术"其实就是能够准确预测别人的内心需求，让对方感到自己被理解、被共情、被看见，让对方感到你说到了他心坎里。这很像下国际象棋，在与高手过招时，高手往往可以预测到四五步之后的局面，并且提前做出部署。在沟通过程中，对方可以预测到你的反应，也就可以给予恰当的回应，会让人有同频的感觉，从而促进关系的发展。

预测力在商业中的应用

商场如战场，很多机会可能转瞬即逝，而那些能够成功的人往往具备很强的预测能力，以及很强的前瞻性，能够预测到行业的发展，这成了他们制胜的法宝。尤其是在市场环境中，先于竞争对手一步，就能赢得时间与更好的资源，从而创造更多利润与价值。

预测背后隐藏着巨大的商机。准确的天气预测，会给商家带来激增的销量以及利润。例如，预测到寒冬，商家可以提前备好各种取暖设备，以应对突然的降温天气所引发的巨大市场需求。同样，服装行业除了需要了解流行趋势之外，更应该去了解天气所带来的影响。在气温陡升之前，迅速打折清仓冬装，因为随着温度的变化，这些冬装很快就会滞销，而服装一过季，几乎就是白菜价了。

也有很多商家很好地预测了顾客的需求，从而能够精准地投放广告或者优惠信息。比如，山姆会员店就会根据过去的销售数据计算出一个普通四口之家多久会用完十管牙膏，然后在他们用完最后一管牙膏的前几周为其提供一个牙膏的优惠券。还有一些商家会在顾客购物前给出一些优惠措施。比如，某个生鲜购物平台熟悉顾客的购物频率，一般顾客会一周下一次订单，当顾客有一个月没有光顾时，他们就会发短信或者在App上通知该顾客他将会获得一张通用的优惠券，包括经常购买的产品的打折信息，用这样的方式再次与顾客建立连接，使顾客重新回到平台上消费。

在健康领域，健康信息学家可以更早地检测出身体问题，提醒人们及早去做体检。在个人卫生保健方面，我们可以运用传感器来监测体温、心率、血压、血氧等指标，根据医疗记录、家族病史、过去所用的处方药等信息建模，在人尚未生病前就根据某些指标异常提前发出警告，提醒其做进一步检查，尽可能地让疾病在萌芽阶段就被扼杀。

四个宏观因素的预测为个体带来机遇与影响

美国未来学家塞西莉·萨默斯（Cecily Sommers）认为影响经济和社会变迁的四个要素包括资源、科技、人口以及管理，如果能准确预测宏观层面的变化，个体或许可以抓住机遇，做出调整，获得令自己满意的生活。

人类的每一次危机与战争都可能跟资源的争夺相关。人们一直在寻求清洁、安全的可替代能源，新能源的发展也为很多企业带来了无限商机，新能源汽车的占比越来越高，从而带动了整个产业链的发展，也吸引了越来越多的企业参与到新能源的创新与竞争之中。当初巴菲特投资比亚迪正是看好新能源汽车的发展，以及中国市场的巨大需求。

每个人都在享受科技进步给生活带来的便利。乔布斯用他卓越的预见力，带来了一场革命，从根本上改变了人们的生活方式，也让手机巨头摩托罗拉与诺基亚被智能手机所替代而黯然退场。信息时代，在享受大数据带来的便利的同时，我们也被信息所控制。没有了隐私，被动接受着大数据精准投送的信息。同时，数据成了一种重要的商业资源被滥用，商家可以从一个人的消费记录和账单中发现一个人的生活、交友、消费模式，这令人有些毛骨悚然，好像背后有一张偷窥的网，让你的一举一动都无处遁形。

在管理层面，为了适应资源、人口以及技术的变化趋势所进行的调整，就是为了引导科技创新以解决能源短缺以及人口减少的问题。而最好的社会治理在于让法律以及市场发挥应有的作用。

如何训练自己的预测力？

5%法则

塞西莉·萨默斯认为面对未来，我们可以使用5%法则，也就是为了避免短视行为，必须保证至少有5%的资源投向未来，这也是很多企业规定将营业额的5%投入研发的原因。对未来的预测需要投入时间、金钱与人力去思考和构建，去拓展想象力与创造力，寻找新方法与新技术。

对于个体，如果想要适应未来社会，也需要具备成长型思维，至少将自己时间与精力的5%投入提升自我的能力上，以适应高速变化的未来。一旦找到了目标与方向，无论如何投资自己都是一件最有价值的事情。

5%的投入，意味着使用最小的试错单元去尝试一些你从未涉猎的未来领域，并且从错误中学习。每一次勇敢的尝试，都会获得反馈，这就像前面提到的预测循环系统，新的信息会拓展我们的疆域。

广泛的体验与尝试，往往也可以帮助我们找到自己擅长的事情，因为有着准确预测的经验，就会获得正向的反馈与激励，也就有更大的动力继续下去，并做出更好的预测，从而形成正向循环。

一万次的实践

一万次的实践，会让我们形成一种本能。一个有着10年驾龄的老司机，可以边说话边开车，利用眼睛的余光就可以判断车辆之间的距离，可以提前做出可能有撞车危险的预判，不需要思考就采取了躲闪的动作。

刻意练习会产生海量的数据，而不断的实践可以一点一滴地积累自己的内隐知识以及直觉技能。这也是为什么刻意练习掌握某种知识与技能后，人们可以凭借经验或者直觉做出准确预判的原因。

科学研究发现大脑具有很强的可塑性，刻意练习引发的组块、加固、重复的循环会导致大脑内部连接发生物理变化。脑科学发现某些天才的一些脑区比其他人更加发达，这或许正是这部分脑区常常被使用而被训练增强的结果。生物进化中的一个说法"用进废退"，也从另一个侧面说明了大脑的可塑性。

因此，练习与实践是提升预测力的非常有效的方式。

培养好奇心与勇气

不知从什么时候开始，我们对周围的世界失去了好奇心，因为害怕失败而丧失了尝试的勇气，而这些恰恰是面向未来需要具备的品质。从爱迪生到马斯克，这些成功人士无不对世界充满了好奇心，脑子里永远有匪夷所思的想法，而且他们不是让这些想法仅仅停留在脑子里，而是在尝试与失败无数次后，让现实离想象又近了一步。

总之，预见力是一种可训练的思维能力，它能帮助我们规避危险，发现新的机会，并且在竞争中胜出。

判断力：质疑与批判性思维，做出最优决策

大脑每5秒钟就会做出一个判断，这是一种判定事物属性的思维过程。看起来，我们每个人都会做判断，这是与生俱来的能力。可是，对一件事物，为什么不同人做出的判断有如此大的差异，并会产生不同的结果呢？

曾经有位来访者谈及自己的一段经历时提到，毕业于一所985大学本硕的她在进入一家知名企业后，虽然工作一直勤勤恳恳，却始终与升职无缘。终于她得到一次晋升的机会，外派学习6个月，可以调整到一个更高职级的岗位。她觉得这是一次非常难得的机会，当即接受了这样的安排。她接受这个外派的目的是调岗，她的判断是只要我接受了这个培训就会得到这个调岗机会，这个判断就是一个线性逻辑，"只要……就会……"。

实际上，她获取的信息并不充分，也没有考虑到机会的不确定性。在外出学习1个月后，她原来所在的部门宣布了一个决定，将与她平级的一位同事升级成为该部门的主管，也就是成为她的领

导，而原本她可能更有优势升到这个位置。

很不凑巧的是，3个月后培训中断，因为公司内部做了重大的策略上的调整，培训项目被叫停，之前调整的岗位空缺也被上级否定，她不得不重新回到原来的岗位，这让她非常懊恼，觉得自己当时做了错误的选择。在这之后，她特别害怕做出选择，这也使她变得越来越焦虑，无法忍受选择带来的不确定性，只有当某个结果尘埃落定时，她才会有些心安。

所有的选择，无论微小还是重大，都是基于当时的情境审时度势所做出来的。要做出准确的判断，是一件非常不容易的事情，它往往依赖于我们获取信息的准确性与充分性，内在的逻辑推理能力，以及过往的经验。

同样，对于企业来说，领导者的一次致命的失误可能会将一家公司带入深渊。美国兰德公司就曾经做过相关的调查，发现世界上每100家破产倒闭的大企业中，85%是企业管理者的决策不慎造成的。

判断是如何做出的？

诺贝尔奖获得者丹尼尔·卡尼曼（Daniel Kahneman）在《思考，快与慢》中提到，我们有两个判断系统：系统一与系统二。系统一指的是快思考，它是一种简单化的无意识运作，我们大约80%的判断是系统一做出的；系统二是慢思考，它是一种有意识地受控制的运作。

美国著名神经科学家保罗·D. 麦克莱恩（Paul D. MacLean）发现，大脑是由三层结构组成的：爬行脑、情绪脑和理智脑。系统一更多的是基于经验、感性，是情绪、本能驱动的，也就是爬行脑与情绪脑在起主要作用；而系统二则主要是理智脑在起作用，它是基于数据、逻辑、验证过程来做出判断。系统一通常是24小时都在后台运作，而系统二则是在受到刺激之后才会被激活。

举个简单的例子，遇到了一个很开朗、热情、漂亮的女生，如果她问你，你喜欢她吗，你大概率会不假思索地回答："喜欢。"这实际上是系统一在凭直觉做出判断。如果她问你，你愿意娶她为妻吗，这时你就会启动系统二，考虑她的其他条件，如学历、家庭背景、工作单位、收入水平、价值观、性格特点等，这就是一个慢思考的过程。

我有一个来访者在做任何事情时都特别纠结，有些问题对于大多数普通人来说，好像不需要思考都可以做出判断，而这位来访者却需要琢磨很久，而且事后还要不断反刍，这令她痛苦不堪，精神内耗严重，常常感到疲惫，做事没有效率。

实际上，她就是将本该由系统一1秒钟完成的事情，交给了系统二，结果不堪重负。因为系统二的工作方式需要关注细微的变化与细节，就像把一个动作拆解成了慢镜头，并对每个分解的动作去做分析、解读以及思考，还要判断对自己的影响等。比如，她约了一位朋友出去吃饭，从发出邀约起她就开始焦虑：对方会不会来？如果不来是不是对我有意见？约在哪里吃饭？会不会档次不够她不满意？要不要带个礼物？选什么礼物？早上几点出门？迟到了怎么办……你看，想这一长串的问题是不是心累？

因为系统二需要投入更多精力与注意力，而一个人的精力是有限的，所以人类在进化过程中，会过滤掉那些不重要的信息，甚至即使处在危险的情境，都能使用系统一做出判断，这往往是一种极为高效的生存方式。

但像上面提到的这位来访者，本该由系统一迅速做出的判断，不得不长期由系统二来负担，就会阻碍她去从事更为重要的工作，导致工作中经常忘事，经常出错，无法处理好人际关系，从而使她对自我的认可度越来越低。

是什么影响了判断力？

我们做出的判断，事后验证有的是正确的，有的是错误的，那么，是什么影响了我们的判断呢？

认知偏差

在生活中，我们会不自觉地产生各种认知偏差。比如，光环效应，一个人的某个品质让你很欣赏，在这个品质的影响下，你认为他其他方面都很好。明星在商业包装下打造自己的人设实际上也是在制造光环效应，从而迎合粉丝们的喜好。光环效应让我们难以对人形成客观的认识与评价，这也会影响到人际关系。

另外，几乎每个人身上都存在自我认知偏差，也就是不能准确地评估自己的能力，并且人们常常会高估自己的能力，这就是达克效应。人们在评估自己的能力时往往会陷入双重困境中，对于那些缺乏知识与技能的领域很难意识到自己的不足，会产生盲目自信，从而难以发现自己的错误，而对于那些已经具备相当程度知识与技能的人来说，他们反而会信心不足，因为他们清楚自己的知识水平，常常能够认识到自己的不足。

这种自我认知偏差在职场中很常见。在绩效考评中，人们总是认为自己的评分应该高于主管的评分，对自己能力的评估往往高于别人对自己能力的评估，这就会导致自己有种怀才不遇的感受，高估了自己的价值与贡献，从而做出组织内部不公平的判断，这会导致对工作环境以及评价体系的不满，进而产生职业倦怠。

从众效应导致的认知偏差，也会影响我们的判断。人们会下意识地让自己的想法向大多数人的想法靠拢，这也是一种本能地保护自己的方式。因为害怕被孤立、被排挤，以及不被认可，人们更愿意随大流，而往往错过了自己内在的声音，失去了自己独立判断的空间。

还有一种确认偏差也会让我们陷入思考的误区，从而做出错误的判断。我们倾向于快速选择立场，在事实还不清楚前快速得出结论，然后为了确认自己的判断，只接收那些支持自己立场或者观点的知识与信息，而忽略那些不支持自己立场的内容。

心智带宽

心智带宽是哈佛大学行为经济学家塞德希尔·穆莱纳森（Sendhil Mullainathan）在他的著作《稀缺》中提到的一个概念，也就是指人在处理问题时所运用的脑力资源。心智带宽一旦降低，就会影响人的判断力，使之做出不明智的选择。

在什么情况下，我们的心智带宽会变得狭窄呢？

第一，一个人处在危机或者应激状态下，他的所有脑力资源会集中在应对危机上，因为此刻的首要任务是让自己先生存下来，其他的思考任务必须靠后，所以思考的通道被威胁所占据。

第二，当一个人被巨大的悲伤、愤怒、焦虑等情绪所困，往往会做出冲动的行为，这也是因为心智带宽被情绪所挤占，所以丧失了理性思考的能力。

第三，心智带宽还受到身体状况的影响，如睡眠不好、身心疲惫、营养不均衡，都会使人思维迟缓、记忆力下降、思维混乱，此时也难以做出清晰的判断。

第四，被无效信息挤占。因为心智容量的稀缺，我们如果每天被动接受很多无效的垃圾信息，包括无聊的、搞笑的、娱乐的信息，以及与我们想要专注努力的目标不相关的信息，这都会限制我们去思考有价值、有意义的东西。

个人局限性

我们每个人都有各自的局限性，无法保证自己获得的是第一手的、真实的资料，而对二手的、已经经过别人加工的信息就需要有甄别能力。同时，我们都是有情感的人，会不自觉地将自己内在的感受、情感投射出来，从而偏离中立的位置，比如，同情弱者，或者对某个群体存有歧视，往往不可避免地影响我们的判断。

另外，个体只有单一视角，往往只能看到事实的局部，这就会导致判断的片面性。

最后，缺乏适当的反馈机制，容易强化高估自己判断的倾向，陷入固化思维。

批判性思维塑造独立判断能力

康德把判断力分为决定判断力，也就是做出恰当选择的能力，以及反省判断力，也就是反思的能力。而形成判断力需要具备三个非常重要的条件，那就是独立思考、换位思考以及前后一致（内外统一）的能力。

实际上，无论是决定判断力还是反省判断力，最核心的都是具备批判与质疑的能力，那些人云亦云的人，大脑经常长在别人头上。缺乏独立思考能力的人只会跟随，不会创新，而那些最后胜出的人都是善于思考、勇于创新的人。

丹尼斯·韦特利（Denis Waitley）在《成功心理学：发现工作与生活的意义》一书中提到，批判性思考者也是一个问题解决者，批判性思考有助于你澄清问题，并想出具有创造性的解决方案。同时，批判性思考还会帮助你发展出许多其他的技能与个人素质，包括自我意识、对己诚实、自我激励、开放的心态和同情心，而这些都是成功者所必须具备的素质。

批判性思考方式是在大量知识积累的基础上训练而成的结果。丹尼斯在《成功心理学：发现工作与生活的意义》中给批判性思考设定了7个重要标准：清晰、精确、准确、相关性、深度、广度与逻辑。

当我们提出观点时，或者听到别人的观点时，如果能够套用这样的标准去判断，就可以获得更真实、公正、准确的信息，就不会被误导，并且做出正确的决定。

下面通过小玲与小辉交往的例子来看看批判性思考是如何帮助我们做出正确的判断的。

清晰

小玲通过家人介绍认识了同乡小辉，家人也是通过亲戚介绍知道小辉的，所以小玲对小辉的了解只是基于家里提供的一点点信息：小辉是自己家隔壁村子的，目前在深圳从事销售工作。

这个信息对于小玲来说，是非常不清晰的，她不了解他的性格特征、家庭环境、学历水平，而这些都是需要通过进一步交往去了解的。当我们有了想要了解一个人的欲望，对另一个人有了好奇心，我们才会想去了解这个人更为真实的内在人格。

精确

小玲在深圳待久了，觉得深圳都是来自五湖四海的人，好像从四面八方漂来的一样，彼此不知根不知底。她经常在电视上或者报纸上看到女孩子上当的新闻，如某个女孩子怀孕后准备跟对方领结婚证时才发现对方早就结婚了，自己被动成了第三者，或者在跟某个男子交往后，被骗去了全部财产等。

这样的负面新闻看多了，小玲就有了一个认知：深圳的大多数男人是不可靠的，我不能轻信任何人。这样的判断并不精确。

其实在哪里都会有这样的男人，这并不是深圳独有的。在与他人交往时，对方的身份背景可以通过很多方面去了解，如果我们具备了批判性思考的能力，就能够分辨出其中是否有欺骗的成分。

准确

在交往的过程中，小辉会说自己从事什么行业的工作，在什么单位上班，自己的家庭成长环境，此时小玲可以在自己的心里打个问号，这是真的吗？当有了这个意识，就会去留意他的行业信息、他的单位信息，以及他的家庭信息，真相会在言谈中逐渐暴露出来。

人与人的关系是建立在信任的基础上的，但信任要基于了解。如果你完全不了解一个人，就把自己全身心地托付给这个人，这多少有点冒险。女性最容易感性地去看待情感，如果这个男人对她特别贴心，她可能就会被情感冲昏头脑，而失去冷静的判断力，那么这可能就给别有用心的人以可乘之机了。

相关性

我们习惯运用自己的经验给别人贴标签，而利用相关性这一标准，很容易发现这个标签贴得是否合理，是否过于草率。比如，小玲在下班后打电话给男朋友，让他过来接她下班，而她的男朋友当时正在与项目组的同事讨论工作，就跟小玲说自己很忙，今天没空，然后就草草地挂断了电话。

对此，小玲的反应就是"你不在乎我了，你不关心我了，你不爱我了，你心里根本没有我了，你是不是有别人了"等一长串对关系的否定。仔细想想，男友一次偶然做不到是否与不爱有相关性？他有不得已吗？当具备了这样的思维之后，我想情侣之间的误会也会减少很多。

深度

情侣之间唯有深刻地探讨沟通，才能够真正地了解彼此。这就是标准中提到的深度。如果两个人的交往仅限于吃吃喝喝，没有灵魂上的沟通，我们很难知道这个人是否就是自己苦苦寻觅的人。我们或许最初被某人的才华、财富或者阳光帅气所吸引，但不了解他的价值观是怎样的，他如何看待婚姻？如何平衡工作与家庭？他对于女性是否真正尊重？他跟妈妈的关系如何？越是深入交谈，我们越能够彼此坦诚，并看到彼此的不完美，这才是奠定幸福婚姻的基础。

广度

温尼科特在观察婴儿时发现，婴儿在与母亲互动的过程中，如果饿了，而妈妈没有及时满足其需要，在婴儿心中就会投射一个坏妈妈的形象。而当婴儿在6个月以后，逐渐开始适应与母亲的适度分离，就会在这种融合与分离中整合一个妈妈的整体形象。

如果经常用一种狭隘的视角去看待他人，就如好妈妈与坏妈妈那样，非黑即白，我们就很容易陷入偏激或者偏执的怪圈。看待事物总是使用二分法，不是好的就是坏的，这样的思维会让我们在人际交往中处处碰壁。

了解到男友来自离婚家庭，你主观地判断离婚家庭的小孩儿都是带着创伤的，身上都会带着原生家庭的烙印，在恋爱与婚姻中一定有些致命的弱点。此时你只是看到了他不好的一面，但是没看到他为此而做出的努力与改变，他虽然在离异家庭长大，但也许并不缺乏父爱与母爱，他懂得尊重自己的真实感受，不会为了维护面子而委曲求全，这就是判断的广度。

逻辑

当给出一个判断时，自己是否有一些可以支持这个观点的证据？这些证据本身是否自相矛盾？通过这样的证据，经过逻辑推理是否可以得到这个观点？

批判性思维要求我们有了论点就要去寻找论据支持，有了证据就去尝试推导出一个结果或观点。如果不符合逻辑，要么论点不正确，要么论据不充分，要么推理的过程不够严谨。

比如，小玲认为男友是个浮夸的人，这个判断是基于男友讲述的自己的经历，而她想当然地觉得这些都不是事实，所以得出了这样的判断。其实她只需要去弄清楚他讲的究竟是不是事实的，或者是否前后矛盾，就可以发现自己的判断是否客观，而不是仅凭主观或者感觉行事。

批判性思考的7个标准也是7个工具，可以让我们冷静地思考，理性地思考，而不会陷于混沌之中，就如同借了一只天眼，帮助我们发现最真实的东西，在正确的时候做出正确的选择。批判性思考的养成的确很难，但有了这样的觉知，就拥有了超群的判断力，让人生充满智慧。

如何提升判断力？

训练思考能力

在前面章节中所提到的感受力、专注力、逻辑力、预见力都是帮助我们做出正确判断的思考能力。我们可以开启自己的感受力与专注力，获得较为真实、可靠的信息，通过演绎推理以及归纳等方法，进行论证，得出符合逻辑力的结论。预见力让我们有更多视角，考虑到更多可能性，拓展思考的领域与方向，从而建立独立的认知体系。

对比分析

当认识到自己的局限时，我们要尝试用更为开放的态度去倾听别人的观点，获得外部反馈，对别人的信息渠道、推理方法及过程，进行多角度对比，通过相似项目的分析、研究、总结和归纳，获得更为准确的判断。

反向训练

不要轻易做出判断，也不要过早、过快地做出判断。当得出某个判断时，尝试让自己去提出相反的观点，与相反的观点进行辩论，而事实或者结论在辩论过程中会越来越清晰。这也能让我们始终保持着至少两个视角。

还有一种反向训练的方式是，自己提出一个观点后，针对自己的这个观点来寻找漏洞或者对于逻辑不缜密的地方进行反驳，就像一个试错实验，不断地修复漏洞与不合理的地方，判断也就越来越准确。

反向思维模式可以帮助我们做判断。举个例子，在本科毕业后有两个选择，需要判断哪个选择对个人的发展更为有利。那么，事情的最终结果或者目的是选择去上班还是继续上学，反向操作是找到达成这两个目标的前提条件。比如，达成读研目的的外部条件与内部条件是什么，今年的竞争是否激烈，自己的准备是否充分等；达成上班目标的前提条件是是否有了意向单位，有了实习经验、准备好的简历等，然后判断自己当下哪个条件更充分。

总而言之，判断力不仅是一种智力活动，更是一种智慧，一次正确的判断，可以彻底改变一个人的境遇。保持独立思考能力，积极行动，获得反馈，并且进行分析对比以及偏差检查，排除干扰，我们就可以获得较为准确的判断。

创造力：从 0 到 1 的突变，创造 1+1>2 的效果

创造力是人类大脑最活跃、最具代表性的功能之一。当今人工智能技术高速发展，人类的很多功能逐渐被人工智能所替代，创造力因此更加成为人不可或缺的能力，无论是广告设计、文学艺术创作、产品设计还是知识付费领域，那些具备创新能力的人更容易被看见，也更具有竞争力。

美国积极心理学家米哈里·契克森米哈赖认为，每个人生来都会受到两套相互对立的指令的影响：一种是保守的倾向，由自我保护、自我夸耀和节省能量的本能构成；另一种是扩张的倾向，由探索、喜欢新奇与冒险的本能构成。它是人的思想活动与社会文化、市场需求、人类求新求变的欲望交互所产生的，是在社会背景下系统运作的结果，而且创造力的激发往往来自外部环境或者规则的改变。

创造力同样也能给外部环境与规则带来巨变。乔布斯的创新就深刻地改变了人们的生活方式，也让曾经主导通信市场的巨头摩托

罗拉、诺基亚、爱立信销售量不尽如人意。由于科技的发展，我们也不得不与很多职业告别：电话接线生、电报收发员、底片冲洗工、高速公路收费员等；但人们休闲娱乐的需要也催生了很多新的职业：游戏设计师、电竞顾问、轰趴管家、育婴师、宠物训练师、直播带货主播等。

缺乏创造力，每个人都会面临被时代淘汰的危机。那么，创造力究竟是一种什么样的能力？假如每个人天生都具备创新的本能，那么又如何激发它并使之为个人的职业与发展所用呢？创造力可以通过模仿、刻意练习来培养吗？

创造力的本质

美国罗德岛设计学院建筑系教授凯娜·莱斯基（Kyna Leski），在《创造力的本质》这本书中提到，创作过程就像一场风暴，如果我们愿意，它会慢慢开始聚集并形成，直到超越我们。它是动态的，不断运动——启动、暂停、兴盛、减弱、起伏、流动。

作为建筑师的她，同时也是作家、演员，并在这些不同领域的创造实践活动中积累了丰富的经验。她在观察以及经历不同的创意过程中发现了一个普遍的规律，即创意过程是一个包括9个维度的环状过程：学会忘记、创建问题、收集与追踪、推进、感知与构想、预见、连接、暂停、持续。

首先，学会忘记，摆脱那些先入为主的东西，保持着开放的态度，以空杯心态开启创造的旅程。过去的经验有时是创新的阻碍，惯性思维给我们带来了某种确定感，而创新的过程却往往是与不确定性共舞。模仿只会让我们在原有的道路上往前走，而创新则是另辟一条新路，忘记那些已经存在的，才可以找到新的途径。

然后是创建问题，凯娜·莱斯基归纳了一个公式：创造性过程=企图知道你不知道的东西。而她认为成功创建问题的标准是提出的想法能够让自己前进，推动自己进入下一步——聚集智慧。比如，你想写一本工具类的书，就需要确定这本书想要解决什么问题，或者像新能源汽车，想要解决的是替代汽油、柴油汽车的问题等。很多风投公司投资一个创新项目，往往是看这家公司的概念，实际上就是界定这个问题的可能性与可行性。

为了推动问题的解决，接下来的工作就是信息的收集与追踪，以及过程的推进。比如，真丝服装透汗，穿着舒适，但比较容易皱，不好打理，容易掉色，价格较贵。人们想要创造一种面料，可以既保留真丝的优点，又摒弃它的缺点，那么就有两种途径：一种是在原有的真丝处理工艺上创新，另一种是创造一种全新的类似真丝的面料，这样就需要朝向两个不同的方向收集信息，并且不断地进行测试反馈并做出调整，以解决前面界定的问题。

感知与构想阶段，提升自己的感受力，因为很多创意灵感往往来自感受，尤其是音乐、绘画、舞蹈等艺术领域。日本作曲家坂本龙一经常会去感受大自然的声音，并且将雨水滴落在不同容器的滴答声、在森林中散步脚踩在松软的落叶上的沙沙声等录下来，混合到自己的钢琴乐曲中，形成了他独特的创作风格。他将自然声音与有节律的钢琴乐曲混在一起，这就是一个构想的过程，将自己的感受与情感通过这样的方式表达出来。

凯娜·莱斯基认为，洞察力让我们对创造对象的本质有所了解，也就是通过直觉与想象力，预见创意的结果。

而创意来自哪里呢？我们其实很难凭空创造一个全新的东西，它往往来自已经存在的东西，就如设计思维创新资深导师王可越教授在他的《创新化生存》中所说的那样，创意=旧元素+新组合，这就是一个连接的过程，跳出固有的"盒子"，改变排列组合的方式，重新混合、打破、重构，就会有新的内容诞生。

某服装品牌每年会出很多个系列的产品，其中有一个系列是梵高系列，就是将梵高的绘画作品运用于服装上。当然梵高的作品可以与很多产品相关联，如餐具、台灯、装饰品、酒店风格等。

此时，我们似乎已经有了创意结果，就在这里结束了吗？当然不是。我们在这里按下暂停键，是让自己更好的再次出发。因为创造是一个重复迭代的过程，通过创造性实践形成的作品并不是终点，而是创新这一条永无止境的路上的一个节点，这就是创造力的持续性。

高创造力的人格特质

高创造力的人不仅需要具备深厚的知识储备，一定的智力水平，以及实际操作与行动能力，最重要的是要拥有以下所述的特定人格特质。

高度敏感

高度敏感的人具有很多优势，敏感对于创造力来说是一种天赋。

德国高度敏感性研究专家卡特琳·佐斯特在《高度敏感的力量》这本书中专门讲到了高度敏感在创造力方面的潜能。

通常，高度敏感的人具有非常强的反思能力，他们对待某些事物会比其他人想得更多、更深、更远，思考会带来更多问题，而问题是创新的前提。

另外，高度敏感的人能体味到生活中极其细微的感觉。他们能够感受到生活中更多的酸甜苦辣，这也会增加他们生命的厚度和深度。同时，他们还可以把自己这些内在的感觉通过笔端，或者用言语诉说出来，让别人体会到不一样的感觉。作家或者艺术家就具有这样的天分。他们把生活中那些细微的场景内容吸收进来，用夸张的艺术来表达，这是他们创造力的源泉。

自由散漫与投入

富于创造力的人身上往往有很多矛盾的地方，如特别贪玩，有些自由散漫，但是一旦他对某个事物产生兴趣，他就会全身心地投入进去，不断地重复，不断地尝试，并且乐此不疲。

此时，他一改过去散漫的特点，可以忍受孤独、抵御各种诱惑，变得极为自律。对自己不感兴趣的事情，即使对自己的成就可能极为有利，他也会表现出很不负责的态度，但如果是他想要去做的事情，他又会克服各种困难与阻力，对此非常负责。

富于联想

创新往往需要具备丰富的想象力，并且能够将不相关的事物联系起来，在想象、幻想与现实之间转换。

当看到天上的飞鸟时，想象着人如何飞上天；当看到水中的游鱼时，想象着人如何潜下深水；当看到电视中的美食时，想象着我如何立即吃到……而这些想象都已成为现实。当希望身边有个百事通的朋友随时可以分忧解惑时，基于人工智能的ChatGPT已经在满足实现这样的需要。

联想需要同时拥有聚合思维与发散思维。创意是一场风暴，开启时可能是不受限制的头脑风暴，越是离谱，越是离经叛道就越新奇，在实现时则需要聚合思维，整合相关领域的知识，并且将观点与素材联系起来。

极强的好奇心

创新的驱动力是好奇心，是对所有新鲜事物都葆有一份天真以及开放的态度。因为创新是拥抱不确定，与不确定共舞的过程，所以具有创新思维的人永远不安于现状，总是尝试求新、求变。

现在很流行跨界，建筑设计师凯娜·莱斯基还是作家与演员，而这几个角色都需要创造力，它们的底层逻辑或许是相通的，一个建筑设计师可以将建筑的灵感运用在服装设计上，又可以将服装设计元素整合到建筑设计中。好奇心会产生疑问，疑问推动思考，思考触发行动，创新化的过程才得以完成。

灵活性与适应性

富有创造力的人具有惊人的适应能力，几乎能适应任何环境，可以利用有限的资源来达成他们的目标。从孩子身上我们可以学习到很多，当他们忘我地投入游戏时，会使用身边可利用的所有素材：自己的身体、落叶、树枝、泥巴、声音等。而现代生活中大量电子产品的使用，往往限制了孩子们的想象力。

创意大多数时候都不可能一气呵成，过程中会遇到阻碍、失败，灵活性可以帮助我们适时地调整方向与策略，或者在外部环境发生变化时做出新的尝试。

男性气质与女性气质

性别特质更多的是被社会文化所定义的，而我们也往往会被限定在某一种性别角色的认同中，思维模式也会局限于其中。

作为一名心理咨询师，既要有女性感性、温暖、柔和的气质，又要有男性理性、阳刚、有力量的气质，也就是要有母性与父性的特质，才能更好地帮助来访者整合他的内在，才能将这种创造性的工作推进下去。

其实，很多行业看似是女性居多，反而男性更容易成功，这也解释了这种气质上的整合对于创造力发展的功能性部分的拓展。比如，做饭看起来是一个母亲的职责，但真正成为大厨的却大多是男性。香奈儿艺术总监卡尔·拉格斐（Karl Lagerfeld）也是一位男性，他对女性的理解以及如何让女性通过服装来展现自己的魅力无疑是达到了令人难以企及的高度。

创造力是如何被限定的？

自由就像空气一样，是创造力生存不可或缺的土壤。假如在某个领域设置了很多禁区，创造力的思维就很难被发挥出来，那么产品也就很难有新意。

在某个企业中，老板看起来什么都懂，员工提出来的创意总是被否定，长此下去，员工就会丧失创新的热情，那么这个企业也就很难再有创新了。企业想要创新需要具有开放性，并且给予员工自由思考的空间，在这方面谷歌公司就做得相当充分。

在松弛的状态下，人们能更好地发挥创意。谷歌公司拥有巨大的游乐场滑梯、全天候员工按摩师，还有大量免费食物和免费洗衣服务等福利。这样的环境的确给员工们创造了发挥想象的自由空间。

兴趣是创造力的源泉，而急功近利会让创造力的热情枯竭。在电影《想飞的钢琴少年》中，天才儿童在一次家庭聚会上无意间展现了他的音乐才华，妈妈就像突然发现了新大陆一样立即辞职，准备全身心地投入培养孩子的工作中。当妈妈带着孩子到处去拜师，强迫孩子去练习时，孩子对钢琴变得很抗拒，从此再也不愿意碰琴了。父母急功近利，或者把孩子的成就与自己的自尊捆绑在一起，往往会引发孩子的逆反心理，从而在某种程度上把孩子的天赋扼杀了。

在电影《喜福会》中有个场景，女儿在国际象棋比赛中仿佛有一股无形的力量，坚信自己可以赢，的确她过关斩将，终于得了冠军，并且上了杂志封面。母亲非常自豪，就像她自己得了冠军一样，带着女儿走在街上炫耀，手上举着那本杂志逢人就夸赞自己的女儿，结果让女儿羞愧得无地自容。在此之后，那股神奇的力量莫名消失了，女儿的成就戛然而止，这真的太可惜了。

另外，文化中的限定，会让孩子有着难以超越父母的困境，回到心理层面，这就是俄狄浦斯冲突。俄狄浦斯是西方的一个神话故事人物，他成功杀死了父亲，也就是说一个男孩成为真正的男人需要在精神上杀死父亲，需要超越父亲的成就。但在中国文化中，我们从哪吒的故事中可以看到这样的隐喻，也就是孩子是不能超越父亲的，如果他有所反抗，最终死亡的是孩子，而不是父亲。我们知道创新有时候就是对旧有模式、思维方式的颠覆，而这种文化禁锢往往会限制创新的发生与发展。

创造力与智商的相关性

高智商的人可能在学业或者社会成就中表现得比普通人更为出色，不过研究发现，智商超过某一个临界点后，现实生活中的优秀表现便与智商不再相关了，而这个分界点一般在120。当然，低智商的人很难做有创造性的工作，但智商超过120后，智商的增加并不一定意味着更高的创造力。

那么，为什么高智商反而会损害创造力呢？

首先，一些高智商的人可能会非常自负、傲慢，对别人的质疑或者想法非常抗拒，这往往会让他们失去创新所必需的好奇心。高智商所带来的成果，可能会让他们更加固执，也就不再有动力去质疑，进而改进现有的模式。

其实，天真也许才是天才最重要的特质之一，甚至在某些时候，还需要某种傻气。就像爱迪生，他能提出那些千奇百怪的问题，除了喜欢思考之外，这也是他超高智商的表现，但一次次地试错，一次次地从失败中总结，才让他成功发明了那么多家喻户晓的新产品。这种执着在一些人看来就带着一种"傻气"。

将焦虑转化为创造力

对于企业和个人来说，如果跟不上时代，或者缺乏创新就可能被淘汰，这的确会带来极大的焦虑。有时候，我们会有很多新鲜的想法，却往往止步于想法，不能将其转化为成果，这也会让我们对这些无法改变的现状觉得更加挫败。

那么，普通人如何拥有创造力呢？设计思维创新资深导师、中国传媒大学副教授王可越博士，将美国设计思维创新体系引入中国，帮助企业和社会机构共同解决真实的商业和社会创新问题。他在《创新化生存》这本书中，总结了创新化生存的五个工具包，无论对个人，还是对企业，都有很大启发。

反思：质疑那些理所当然的事物，多问几个为什么

一个问题，可以打开一个机会。

我最近结识了一位美食达人。作为两个孩子的妈妈，孩子不爱吃早餐，可把她给愁坏了。用什么方法可以让孩子爱上早餐呢？她决定用心准备早餐，做到每天不重样，让早餐看起来赏心悦目，或许这样孩子就会喜欢。

2018年1月1日这天，她在朋友圈里宣布了一个决定：从今天开始，每天做一款早餐，坚持1 000天不重样。作为一个零基础的妈妈，她开始潜心研究美食。为了做到不重样，她下载了抖音，买了食谱，关注了很多美食达人；为了让孩子吃得健康，她还去考了营养师。

她每天早上会在固定时间发出当天的成果，结果越来越多的人为她点赞，这让她更有动力坚持下去。她的早餐行动开始影响越来越多的朋友，也有越来越多的陌生人向她咨询早餐的做法。

在坚持了500多天后，她萌生了建一个早餐训练营的想法。如今，她的早餐训练营已经培养了上千位妈妈做出了几千种营养早餐。

当她的影响力越来越大时，一些食品供应商找到她，想让她成为品牌代言人。她把自己制作早餐的视频发到抖音，吸引了更多粉丝，顺带还卖出了很多食材。

你看，做早餐，也可以成就一份事业。行动本身给她带来了越来越多的灵感，让她获得了更多的反馈，这也成为她创新的动力。

感受：带着问题进入真实的世界

多看、多听、多感觉，才能获得更真实的信息。

经济环境究竟是变好了还是变糟糕了呢？上个周末，我去见朋友，参观了两个新兴的科技园区。

实地走访，真是让我眼前一亮，科技园区的入驻率非常高。朋友公司在5号楼，出了电梯，我发现整层大约有80%的空间已经被各类创新企业占据，另外的20%正在装修，准备迎接新的创业团队。朋友公司占据了一个宽敞的办公区，员工们忙碌而充满活力。

下午我又去了另一个高新区的写字楼。电梯停在了18层，整层除了两家快速发展的科技公司，还有一家刚刚入驻的研发中心，其余的办公室也已经被预订一空。透过玻璃门，能看见里面崭新的办公设备，墙上贴着激励人心的标语，空气中弥漫着创业的激情。

晚上我去一家新开的商业综合体吃饭，过去略显冷清的区域如今热闹非凡，美食街的商铺几乎全部开业，每家店铺都人头攒动，排队等候的顾客络绎不绝，这跟一年前的情景简直是天壤之别。

亲身实地走一走，就能感受到经济的活力正在复苏。那些从媒体上看到的经济数据，从自媒体文章读到的信息，从电视中听到的新闻，可能远远不如你自己亲身所见、所闻、所感来得真实可靠。

洞察：穿越现象，看到本质

年终我听了两场演讲，一场是罗振宇的，另一场是吴晓波的，他们是知识付费的头部IP。但有人推崇，有人诟病。

很多人说，在下载了"得到"App之后变得越来越焦虑了：囤了一大堆的课，根本没时间消化。

当罗振宇在台上侃侃而谈的时候，他不会告诉你一个秘密：主动学习远比被动学习重要；系统学习远比碎片学习重要；向内学习远比向外学习重要；专业学习远比跨界学习重要。

求知这件事情，没有捷径可走。

当大量的听书代替了读书，当大量的技巧代替了实践，当大量的信息代替了思考，其实知识付费并没有让我们有所改变。

最终我们只是知道的比以前多，但做到的比以前更少了。当我们如此努力地去学习，去接近那些最优秀的人时，却发现为知识付费，很多时候却成了被收割者。这就是知识付费的商业逻辑。

什么是洞察？《创新化生存》的作者王可越说："获得一组数据，并不是洞察，洞察需要我们具备分析数据的能力，得出结论。观察到的现象，不是洞察，洞察是察觉现象背后的商业逻辑、人们的心理动机等。洞察是那些未被觉察，被大多数人忽略的基本事实。"

洞察是建立新的联系，打开新的视野。年终很多公司要搞年会，一般是在酒店一起吃顿饭，表演节目、抽个奖就结束了。现在，大家求新求异，就催生了专门进行年会策划的公司。他们会把会场弄得高端大气，还会设置各种可供合影的搞笑有趣的打卡点，方便员工发朋友圈。同时还会安排很多互动游戏，方便员工进行联谊活动，这比简简单单吃一顿饭要有意思得多。

创意：打开想象力，寻求问题的解决之道

我们倡导向"经典"学习，却把自己限定在了一个传统的思维模式中，很难突破思想的牢笼。

我们以为"想象"就是坐在那里空想，在海量的网络中搜集信

息，进行再创作，但这样的想象往往不接地气。

灵感更应该来自生活，来自真实的人与人之间的互动，来自体验。

王可越说："要想变得有创意，不需要发明任何事物，只需要改变排列组合的方式，重新混合、打破、重构，就有可能冲破既有的创意边界。"

人天生喜欢有趣好玩的东西，而跨界可以玩出很多新花样。我的朋友馨雅是做家居环境整理的。在过去，人们会把家居整理跟普通的家政服务联系在一起。馨雅把家居整理与心理学结合，通过整理外部空间来达到整理自己内在空间的目的，让人们在繁忙的生活中找到内心的安宁；她还把家居整理与美学结合，帮助客户选择家居用品，包括收纳用品和家庭饰物等；与色彩搭配和个人形象管理结合，在整理衣橱时，可以为主人规划什么样的场合穿什么样的衣服，哪些可以做断舍离，并且把不同场合、不同搭配的服装放在不同的空间里。她还跟地产公司、心理圈、物业公司、其他企业合作，这一次次的跨界合作，让她以整理为核心，向更多的领域辐射，也让她的产品变得稀缺和不可复制。

行动：从一个小目标开始，用行动去思考

大多数人的焦虑，并非来自行动，而是来自想象。在创新的逻辑下，唯有尝试和行动才能解决焦虑。尽快行动，而不要将一个方案在纸上做到完美，再开始行动。外部世界有很多不可控因素，我们只有边走边看边修正，才可能做出成果。

微信从1.0版本经过上百次的迭代，才成了今天的样子。它最开始并不是一个非常成熟的产品，也有很多缺陷。但经过不断测试、优化，微信拥有了现在的庞大的生态圈。微信平台几乎囊括了我们生活中的方方面面，为我们的生活提供了诸多便利。

所以，当有想法时，先从一个小范围开始，不断试错创新。最重要的是不要害怕出错，越早发现问题，在越小的范围出现错误，损失就越小。

我们的生活与工作都需要一点创造力，创造力会增强我们的生命活力，提升我们的生存能力，让我们的生活丰富多彩，从而塑造与众不同的自己。

第三章 行动能力

执行力：战胜拖延、克服困难并持续行动

在生活中常常会遇到这样的人，他们有很多想法，却总是难以落实到行动上。虽然他们内心也知道只要去做就会有结果，或者前期做了大量的准备工作，也制订好了计划，看起来万事俱备，可是就是无法执行。

在企业中，战略规划与执行就是人的两条腿，缺一不可，执行不到位，往往会使企业失去宝贵的机会，甚至丧失竞争力。

一个小家庭像一个合伙公司，夫妻二人需要对未来生活的投资有规划，朝向共同的目标努力。比如，买房是一个目标，那么从有目标到具体执行都需要一步步去落实，除了进行财务规划，计划每个月存多少钱之外，还需要去获得相关信息进行价格比对，然后最终签订合同。

我有一位执行力超强的女性朋友，在她的小家庭里，她既是规划者，又是执行者。她看中了一套二手房，那个地段有非常高的升值潜力，当一切都准备就绪，到最后签约时，她才发现丈夫的社保

断了三个月，不具备买房资格，错失了这次机会。她感觉丈夫总是在拖后腿，让她一个女人冲在前面打拼，内心非常疲惫。她抱怨说，丈夫一时高兴也会有一些新的想法，而且看起来也是可行的，可他总是三分钟热度，自己不得不不断地督促他去行动，久而久之，夫妻总会因为这些事情而产生矛盾。

所以，一旦缺乏执行力，无论是个人、企业，还是家庭，可能都会陷入困境中，无法达成目标。

缺乏执行力的心理原因

一个人缺乏执行力，这背后的因素是什么呢？从深层心理学的角度来看，可能是由以下的一个或多个因素导致的。

首先，执行是一种被动攻击。当接收到一个指令时，我们可能对这个指令有着非常复杂的情感：自己没有被尊重，或者自己被控制，又或者自己根本不认同这样的策略。但理性告诉我们不可以去反对，因为攻击权威对我们没什么好处，所以被动接受工作任务反而是较为妥当的做法。

其次，执行存在冲突反应。对于自己想做的事情，一方面认为做了一定会对自己有帮助，但另一方面又会有些底气不足，这个目标完成起来可能有些困难，而且也很害怕失败，就会在做任何事情时都处于矛盾与犹豫的状态中，从而错过最好的时机。然后，又后悔没有快速行动，让自己始终处于懊恼、自责与焦虑之中。

有位朋友想通过副业变现，他发现目前短视频正处于风口期，却又总是为自己找各种借口，如自己身材不够有型、没有视频素材、设备不专业、没有时间等，只能看着跟他同时起步的同学已经开始有收益了，而自己还没有发布过一条视频内容。

再次，缺乏执行力的人，其人格中有完美主义倾向。有的人一定要在非常确定的情况下才能开始行动，也就是首先要过完美主义这一关。而有这类心理倾向的人，很难接受瑕疵，他们的信条是，如果不够完美那就宁愿不做。

而事实上，没有绝对确定的事情。决策中有个70法则，就是这个成功的可能性或者确定性达到了70%，就可以行动了。曾经有位男性管理者来找我咨询，他就是一个典型的完美主义者，风险意识极强，公司的很多做法他都持否定的态度，认为有潜在的风险，这也导致他有很多的阻抗而不去执行公司的要求，以规避风险，因此就给领导留下了执行力不强的印象。

另外，功利性的需要，也就是每一次行动上的付出都需要获得即时反馈，即获得某种物质上或者精神上的好处。在一些执行周期很长的事情上，无法在短期内获得收益，因为没有得到及时满足，就会放弃行动，让项目难以继续执行下去，往往会虎头蛇尾。

最后，或许是对于成功的恐惧。在意识层面，每个人都渴望成功，但是如果这个成功超越了父母所创造的成就，这就意味着"我"与父母离得太远，可能是对父母的一种攻击。在心理层面，这实际上也是一种未分化的表现。

曾经有位长居国外的女性来访者来向我咨询，她遇到了一个执行力上的困难，这让她无比痛苦。在申请教授提交评审资料时，她发现无论怎样，自己都无法完成最后一篇论文的提交，而这篇论文是需要在截止日期前必须完成的。事实上她已经有了相关的研究报告，只需要再做整理修改就可以了，这对她来说一点都不难，可她就是卡在了那里。眼见截止日期越来越近,她也越来越焦虑,但她就是无法行动。

后来在分析中发现,原来她从小就不被父母重视,父母总是讽刺、贬低她,一直以来她都想要证明给父母看自己有多厉害,可又害怕过于成功,担心与父母的认知水平以及当下的生活差距越来越大,这种得不到父母认可的成功对她有什么意义呢?这样的恐惧阻碍了她进一步的行动。

构成执行力的四大要素

管理学对于企业的执行力方面有很多的研究,一般认为执行力包含了四个核心要素:心态、工具、流程以及角色。其实,对于个体来说,这四个要素仍然是适用的。

心态决定了对于做事的内驱力以及对事情的投入程度。假如我们觉得这件事情与我无关,是被动接受的,或者无法让自己短期之内获得期待的利益,如赞美与认可、升职、加薪等正向的反馈,那么很大程度上就会出现执行力不足的情况。

对于企业来说,如果将工作任务与员工的个人利益联系起来,明确每个人的责任与权利,就可以发挥员工的积极性。

对于个体来说,如果将短期利益与长期利益结合,建立一个良性的反馈机制,把微小的事件与自己的信念、使命感联系起来,就可以在心态上做出适当的调整,从而更有能动性。

有了积极的心态,如果没有执行工具,计划也是很难推进下去的。

工具层面包含了可执行的工作以及检验性工具两个方面。

想要实现阅读变现，我们肯定需要借助一些学习工具，如快速阅读的方法、记忆方法、归纳方法、提炼方法，包括思维导图等知识输出的方法，同时还要学会写作、演讲以及直播等输出方法，另外还要掌握各种自媒体平台的推荐机制、用户人群喜好等传播类的技巧，这些都是可执行的工作。

对于检验性工具，可以去寻找对标的账号，如果想做一个自媒体账号，目标是3个月拥有1 000个粉丝，可以在多个平台上分享，这样就可以很直观地检测哪些内容在哪个平台更受欢迎，哪个平台风格更适合等。

流程是目标与结果之间的桥梁，它是一套通过提出问题、分析问题、采取行动的方式来实现目的的系统化过程。

如果你是一个计划性很强的人，那么在做事情之前会设计一个基本流程，形成一个商业闭环。有位做读书直播账号的达人，他给自己定下了直播100场的目标，接下来的流程就是确定这100场的时间、邀请的嘉宾、每场直播的物料准备，以及每场的直播流程。这样在前期运行之后，发现问题及时调整，后面的直播团队就可以按照流程来准备，执行起来就非常顺畅。流程确定下来之后，可以划分每个人的职责，这样在事后进行复盘时更容易发现问题以及找出责任人。

角色就是我们通常所说的定位。这是执行力中最为重要的部分，因为角色决定了心态以及内在动力。

现在很多公司实行员工持股计划，就是希望员工能把自己定位为公司的股东，具有主人翁意识，这样就不会上班摸鱼，也能够在细节上考虑企业的运营成本。因为执行的结果都与个人有关，所以在团队中拖延的行为就可以规避。

另外，角色定位也可以被赋予更大的愿景与使命感，让人即使是在做很微小的事情，也会感到有意义、有价值。例如，乔布斯当年打动百事可乐公司总裁约翰·斯卡利的一句话："你是想卖一辈子糖水，还是想跟我一起去改变世界？"就是把角色定位在了一个改变世界的人，而不仅是一个电子产品的生产者。这样的使命感，驱动着他不断创新，不断追求卓越，最终给人们的生活带来了极为深远的改变。

那么，基于这四大要素，每个人如何去推动自己的执行力呢？下面将尝试用一个职业转型的案例来进行深入剖析。

小林目前在一家大型企业人力资源管理部门负责企业的培训工作，她大学本科主修的是心理学，最初工作的两年在企业做EAP心理咨询师，当时因为企业只是把EAP当作摆设，对心理工作并不重视，另外，因为自己刚入职场，心理咨询方面的经验也不足，后来就转做培训工作，一做就是十多年。现在小林人到中年，有很强的职业危机感，觉得自己专业能力没有太大的提升，这十多年没有太大的进步，对未来很迷茫，萌生了转行做心理心理咨询师的想法。

小林在心态上对于当下的工作有些不满意，又对未来的不确定性感到很焦虑。假如现在马上转行去做心理心理咨询师，收入肯定比现在低很多，而且还很不稳定。但是，她又明白自己是真心热爱这个职业，否则当初不会选择这个专业，也不会兜兜转转想要做心理心理咨询师。而现在这个年龄，无论从阅历、职场经验，还是人生经历，都是一个比较适合开始的阶段。因此，小林在明白自己真正想要的是什么之后，内在有着很强的学习动力，但需要解决的是短期无法获得较好的外部反馈，如较好的口碑以及较高的收入等。所以，小林如果想要将这件事情坚持下去，就要保有长期主义的心态，不为短期得失所左右。

接下来就是转行的工具了。当下如果直接裸辞，可能并不现实，因为这可能意味着一段时间将没有收入或者入不敷出，那么就只能边上班，边储备知识，做好转行的准备。如果想要尽快掌握心理咨询的临床技术，一方面需要参加系统的理论培训，另一方面还需要有实践的机会，同时做一些个人宣传，让别人知道你有这方面的专业知识。假如从免费的服务开始，慢慢有了收费的底气，这就有了积极的反馈。当然，进入这个行业也很重要，可以有意识地去加入一些专业的圈子，如行业协会或者相关的专业委员会，获得行业信息等。

再接下来，给自己设定一个三年计划，如完成某个流派的长程培训、接30个免费个案、100个低价个案等。在流程方面，可以按照三年计划安排读书计划、学习计划、输出计划等。其实在比较正规的长程培训中，会配置文献阅读、理论学习、个案督导、个人成长等相关议题，沉浸在这样的学习氛围中，可以让自己快速地成长。

最后，在角色定位方面，可能还是需要回到自己最感兴趣的源头，如果对女性的议题很感兴趣，还是更愿意跟儿童一起工作，或者针对青春期的问题孩子开展工作。想有所突破，职业角色定位就要更精准。因为，热爱是能坚持下去的、最重要的驱动力。

在前期，可以先做一名兼职的心理心理咨询师。兼职时心理咨询只是一份副业，往往不能全身心投入，专业积累可能会相对缓慢一些。从兼职到全职，需要内心笃定，当看到个案量日益增长，收入上与她现在的水平相当时，就可以在这个阶段辞职了。

对抗焦虑需要执行力

这是一个充满焦虑的时代，我认为对抗焦虑最重要的是马上行动，也就是提升执行力，因为只有做了才有反馈，才有对人生的真实体验。有时，体验本身比结果更重要。

在面临选择时，总是会犹豫，缺乏执行力，这往往会让我们更加焦虑。举个例子，你接到了一个活动邀请，需要尽快决定去与不去，那么，在行动前，我们可以针对下面四个问题进行提问：如果我参加××活动，会发生什么；如果我不参加××活动，会发生什么；如果我参加××活动，不会发生什么；如果我不参加××活动，不会发生什么。

这四个问题对所有可能发生的情境都做了预设，这时，就可以有的放矢地提前部署了。前期准备越清晰、越全面，就能更加有效地做出选择：可以选择不去参加这个聚会，也可以选择参加，并且克服焦虑。一旦克服焦虑，你就获得了成功的体验。

类似这样的社交焦虑，《焦虑型人格自救手册：如何在焦虑的狂风巨浪中成功脱险》这本书的作者安娜·威廉姆森（Anna Williamson）给出了可执行的计划。她提出了一个GROW模型，这个模型可以帮助我们获得对事物的掌控感，对缓解社交焦虑大有裨益。

G代表的是目标。可以问一问自己，参加这个活动究竟有什么目的。用积极的表达写下这个目标。例如，这次聚会，可以使我克服社交焦虑，或者通过这次活动可以达成我的销售目标，可以结识到一些同龄的朋友等。

R代表的是现实。我们经常会有很多不切实际的幻想，这阻碍了我们行动的脚步。可能我们需要用客观的视角去看一看，事实真的是这样吗；也可以通过跟身边的朋友交流，了解他们的看法。同时，可以把自己的恐惧如实地写下来，想象造成最糟糕的结果会是什么；假如这种结果出现，对自己的影响是什么；这个结果自己是否可以承担。这就把想象的恐惧变成了现实的、具体的问题，焦虑感就会下降。

O代表的是选择。运用头脑风暴法，去想象你在社交场合中想做的事情，如主动跟陌生人搭讪，与一个异性聊天5分钟，邀请对方互加好友等。准备好一些适合这个场合的话题，帮助自己融入社交场所。

接下来再想一想，有什么样的资源可以帮助自己达成目标。比如，打扮得更优雅一些；事先稍微喝一点酒壮壮胆；提前去现场走一走，熟悉一下环境；与主办方多沟通，获得更多的信息等。

W代表的是意愿。给自己加油打气，想一想有多么强烈的愿望去参加这次派对；有多大的把握可以实现自己最初订立的目标；一旦这个目标完成，对自己意味着什么；可能还会遇到什么样的困难，这些困难自己是否真的不能克服等。

即便是社交焦虑，也可以利用自己的执行力来克服。执行力甚至是心理咨询迅速起效的关键因素之一。

我有一个来访者是带着严重的心理创伤来求助的，表面上来看，是她的夫妻关系以及亲子关系出现了问题，她无法控制自己的情绪，让整个家庭处于失控的境遇。她非常自责，也非常痛苦。我当时评估这应该是一个需要长程咨询的个案。不过，非常神奇的是，经过20多次的咨询，她与自己以及与家人的关系都得到了极大改善，这个结果让我难以置信，甚至一度怀疑这是虚假的变化。

在结束咨询一年多以后，她再次给我发来了信息，向我"汇报"了她的变化。她不仅家庭和睦，甚至还给问题重重的婆婆家带来了改变。她也离开了以前让她憋屈的工作，找到了让自己更有价值感、更受到尊重的工作。

回想咨询过程，我发现她改变的背后其实是她超强的执行力。她会在每次咨询后做一些个人总结，同时找相关的书籍去阅读。只要是认可的方法，她都愿意在家庭中做一些小小的尝试，并且观察由此产生的变化。慢慢地，她找到了调节的方式，让以前鸡飞狗跳的生活回归秩序。

很多时候，我们其实不缺方法，不缺道理，缺的是实践与行动。她的行动在咨询中被鼓励，同时也在现实生活中得到了积极的反馈，最终依靠自己的执行力，重新找回了对生活的掌控感。

如何提升一个人的执行力呢？

聚焦在关键行为上

人体的生理构造决定了大多数人天生只能一次做好一件事情。那么将个人努力聚焦在影响目标的关键行为上，每次只做一件对目标的推进有帮助的事。

另外，要聚焦在做什么而非怎么做上。当去研究怎么做时，人就会寻找很多借口干扰行动，而列出当下要做的事件清单，并且设定截止日期后，就能迅速启动。

责任与承诺

作为一个自由职业者，我也会有懒惰或者拖延的时候，而在与其他团队合作时，我发现自己的执行力很强，效率很高，这背后就是责任与承诺。

当别人因为信任对我发出邀约时，我一般都不会拒绝，因为这本身是扩大我的个人影响力的机会。而我的性格是，只要答应了，就必须在截止日期前全力以赴。

在2022年我接到了一个课程录制的邀请，当时距离春节只有15天，主办方要求在春节假期后就交付。签订合同后，我就开始课程的设计、查找资料、准备课件，然后录制课程。结果，我仅用了15天时间就完成了录制，这也是我第一次在这么短的时间内完成了一个系列的课程录制，交付后也得到了主办方的肯定。这样的执行力让我对自身的能力有了更多的自信。

时间管理与目标管理

"毁灭人类的最好办法就是告诉他们还有明天，因为在告诉他们还有无数个明天之后，他们就不会在今天努力了。"

当真正体会到时间的稀缺，我们就会倍加珍惜它，将有限的资源用在自己最希望努力的地方。

作为一个自由职业者，需要有更多的自律。我每周都会列出周工作表，制定出每个项目的完成时间，完成一项就打个钩，将它可视化，这样既有成就感，又可以对工作进度一目了然。因为每个项目都有截止日期，执行就很容易到位。

设定目标时，可以采取维果茨基的最近发展区理论，也就是设定一个自己跳起来就能够得着的目标，这样才会有动力，执行起来也相对容易。在拆解目标时，也可以按照这个思路，把那些大的目标拆解成稍微努力就可以完成的小目标，这样就可以降低可执行的难度。

提升自我效能感

通常推动执行的是，情感——因为热爱，利益——因为需要，成就——因为价值。而自我效能感可以激活我们的热爱，满足我们的外在与内在的需要，让我们获得更多的成就感与价值感。

当然在设定任务时如果与自己的能力不匹配，难度太高，那么执行过程很大概率会遭遇失败，如果又特别害怕产生糟糕的结果，那么，这种情况就会降低自我效能感。

自我效能感让我们了解自己的实力，有努力的方向，能给予自我激励，从而产生正向循环，一步一步接近目标与梦想。

改变行为习惯

做事有结果的人往往有很强的执行力，他们有了一个新的点子，马上就会开始落实这个想法的可行性，这是一种行为习惯。

我在跟很多优秀的人合作时，发现他们天然地有一种推动力，就是推动自己去马上行动。一个点子出来后，可能第二天就催我交方案，给出截止日期后，他们会继续跟进，最终这件事情很快就有了结果。我喜欢这样的做事方式，这让我也"被迫"在极短的时间内交付内容。

当承诺成为习惯，行动成为习惯，以结果为导向成为习惯时，执行力自然就有了。

危机意识

人的本能是遇到威胁，形成刺激，获得反馈，然后形成新的动力。所以危机，既是威胁，也是机会，这会促使我们马上行动。

当恐惧时，我们才会走出自己的舒适圈，这样才有机会在竞争中存活下来。危机会带来一定的心理压力，此时我们甚至会感到一种莫名的兴奋感，有种想要挑战的欲望。

在执行的过程中，如果处在适当的压力下，并且经过努力可以达成目标，就会有心流体验，即便遇到困难，也能最终获得内在的满足感。

那些做事有结果的人往往能够高效率完成工作，且具备较高的执行力。当了解了是什么影响了执行力，通过心态、工具、流程以及角色这四个要素去挖掘执行力，使用时间管理与目标管理的方法，重视责任与承诺，就能从自身的执行力上获益良多。

输出力：从知道到做到，知行合一，学以致用

从事心理咨询行业的朋友经常说"一入心理深似海"，这是因为从事这个行业需要终身学习，而心理行业里的人又是出了名的热爱学习，所以他们经常把自己调侃为"学习型人格障碍"。不过，想要学有所成，光输入而不输出，光学习而不实践，可能只是停留在知道的层面。

我有一位同行朋友，在心理学方面不仅投入了很多的时间、精力，而且还花费了大量的金钱。据说她前前后后在心理培训上投资了将近80多万元，但仍然不太敢去从事心理咨询工作，连让她做个分享她也总是推脱说自己储备得还不够。可以说她很谦虚，不过了解她的朋友都觉得她已经很努力了，输入的知识也真的差不多了，可为什么到现在她仍然无法在专业上更上一层楼呢？其实，她欠缺的就是输出力。

曾经还有一位女性来访者找我咨询有关职场方面的问题，她觉得自己在职场中被很不公平地对待了，心里非常委屈。自己只会默

默地工作，总比不过那些会做PPT、在众人面前侃侃而谈的人，那些人只是有了一点点小成绩就能被领导看见和肯定。

有时，现实生活就是这样，就算你再有本事，但输出力不行，就没办法展现自己的价值，很难让他人看见你的能力和优势，最终可能会错失许多展示自己以及发挥能力的机会。

输出力对一个人的成长以及成就有多重要呢？任何行业都需要输出力，尤其是在知识密集型的行业更是如此。

青音老师原来是中央人民广播电台的播音员，在进入自媒体之前，她每天晚上坚持输出1分钟的语音，内容涵盖了自己的心得体会、阅读的书籍、生命感悟等。而罗振宇在创办"得到"之前也同样是用1分钟的语音来讲述一本书，他用这样的方式输出了近1 000本书。他后来说，这样的分享对于提升他的输出力非常有帮助，同时也给自己带来了持续的影响力。

日本知识管理大师尾藤克之认为，没有输出就不算阅读，他自己就是一个输出到极致的践行者，10年间阅读了上万本书，出版了近700本书。当然我们并不是一味地强调数量，而是这种以输出为目的的态度，可以让我们有大量的产出，不断积累知识与经验，甚至成为某个领域的专家。

美国国家训练实验室研究提出的著名的学习金字塔（见图3-1）表明，采用不同的学习方式，学习者的平均效率大不相同。平常听讲、阅读、视听、演示都是属于被动学习，学习吸收率分别为5%、10%、20%、30%；而小组讨论、练习和实践、教授给他人，则是属于主动学习，学习吸收率分别为50%、75%、90%。也就是说，以输出为目的、输出倒逼输入的学习方式是最高效的学习方式。

	学习吸引率
听讲	5%
阅读	10%
视听	20%
演示	30%
小组讨论	50%
练习和实践	75%
教授给他人	90%

被动学习：听讲、阅读、视听、演示
主动学习：小组讨论、练习和实践、教授给他人

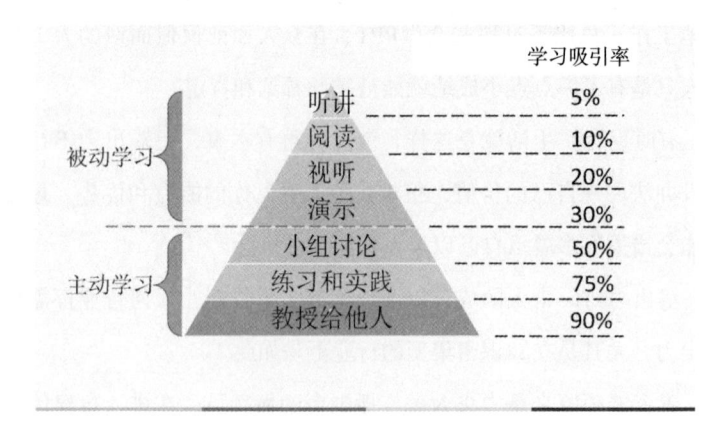

图3-1　学习金字塔

阅读是输出的起点

如何选书？

经常会有朋友问我，能不能推荐几本书？

首先需要确定自己需要学什么，然后才能更有效率地去学习这些东西。所以，别人推荐的书未必是适合自己的，因为别人不知道自己真正的需要，不了解自己的知识体系在哪个层次。而有效读书就是做个有心人，逐渐建立起自己的读书清单，培养自己的读书趣味，这才是适合自己的读书路径。

那么，如何建立自己的读书清单呢？

第一步：建立自己的购书清单表格登记。

表格就是包括很简单的三项内容：书名、作者、出版社。这个表格可以放在笔记本的前几页或者最后一页。书中作者介绍可以用A4纸打印出来叠好，收纳在笔记本里，这个主要是防止太多书预留的空间不够而准备的。

第三章　行动能力

第二步：获得自己感兴趣的书。

首先，通过豆瓣书评、微博读书等书评人推荐，看看推荐的理由、书中的主要内容，评价这些内容是否对自己有价值。

其次，留意书中的索引或者作者在作品中提及的书，这个对于学术研究的人来说尤其管用。我在学习心理学时，经常会看到书中引用某个理论，如果对这个理论感兴趣，就会将参考书目和作者添加到读书清单里。另外，在自媒体或者报纸上也会有一些有关读书的文章，如《读者》上节选的文章，假如节选的内容正好契合自己当时的需要，也可以将书名记录下来。当然，朋友们最近读的书，如果觉得有用，同样也可以列入自己的读书清单。

做个有心人，你会发觉周围有大量可读之书的信息。而有效的阅读，首先就是去了解自己的兴趣所在，哪些是帮助自己内在成长的，哪些是提高技能的，哪些是陶冶情操的，哪些是生活实用类的，不同的类型满足自己不同的需要，可以穿插阅读，用有趣的内容去调剂枯燥的内容。因为我们不能总读自己愿意读的书，比如，考试类的书籍，为了要拿到一个证书必须恶啃，那么读其他类型的书就成为调料，阅读的效率也会好很多。

第三步：根据读书清单再次筛选确定购买的书籍。

我一般一次性会购买3～5本书，一方面怕家里堆积了太多的书有压力，另一方面这几本书可以交叉阅读，也会有不一样的体验。众多的读书清单中，可以分批次购买，当下最想读的、最需要的可以放在第一位。所以，不建议一下购买很多书，而是跟从内心需要，做出最合适的选择。

如何将一本书读薄？

日本"笔记作家"奥野宣之在《如何有效阅读一本书》中提到的笔记读书法，就是制作"葱鲔火锅式"的读书笔记。"葱鲔火锅式"的读书笔记就是通过阅读摘抄和写评论的方式将书中的精髓内化成自己的知识的过程。

在阅读一本书时，将书中的重要观点、优美的句子先在书中标注出来，然后将之前做过标记的地方，值得摘抄的原文摘录在笔记本上，并在前面标注"○"。紧跟其后，将你的感想或者评论写下来，并在前面标注"☆"。

摘抄可以促进、加深对书的记忆，也会加深理解。写评论可以促进思考，保存好读书过程中获得的巧思，防止与好点子失之交臂。

我通常还会有个习惯，在书中直接做批注，批注的内容包括：提炼，将某个句子用一个词语表达来增加记忆；联想，将与我过往的经验连接的部分写下来。这些都是为写好读书笔记做准备。

也许你会觉得用笔记本做记录有些老土，你当然可以用最习惯、最擅长、最高效的方式来记录，如迅飞笔记、有道云笔记、印象笔记等电子笔记，这样做的好处是可以随时用关键词查找读书笔记资料，为未来的输出做好储备。

亚瑟·叔本华在《论读书》中写道："如果你觉得读书就是为了模仿别人的想法，那么这是思想上的懒惰。请丢开书本自己思考。"而这种笔记读书法就是帮助我们搭上思想的便车，创造自己思想的舞台。

通过这种阅读方法，我们将一本厚厚的书就变成了一本薄薄的读书笔记，随身携带，随时都可以拿出来重读，这是一个有效的吸收过程。

如何将一本书读厚？

读书的目的是输出。当你的"仓库"中存储了足够多的思想时，将过去在阅读中获得的知识与自己的理解运用到今天的生活中，就为生活点亮了智慧的明灯。

在读《苏菲的故事》一书时，我摘抄了亚里士多德提出的"黄金中庸"的观点，并与孔子所提出的"中庸之道"相结合，将先哲的思想与当下的生活相联系，让我领悟到，中庸就是在生活中注重节制、适度，尤其是自己与他人的关系、自己与物品的关系，以及自己与环境的关系，让我获得了为人处世的人生智慧。

在读到《沟通的艺术》这本书时，我记录下了"理性情绪治疗法"，这与我之前学心理学的认知疗法是一回事。这个方法告诉我们，影响情绪情感的并不是发生了什么事，而是对于这个事件的态度。比如，你走在大街上，突然有一盆水从临街的窗户里泼了出来，正好浇在了过路的你身上，你当时一定会非常恼怒。你可能会想，我今天怎么这么倒霉，泼水的人怎么这么可恶等。不过，当你得知对方是一名精神病患者时，你的恼怒可能就会减轻许多。基于同一件事实——被人泼水，但前后产生的情感体验却有着天壤之别。

这个方法可以帮助我们管理自己的情绪。比如，某天被领导臭骂一通，你如何去解读这个事件，就决定了你的情绪管理水平。

当将书中的道理整合，不断在生活中实践，你就会把书读得逐渐厚重起来。当与他人分享知识与经验时，你获得了读者或者听众的反馈，这样你对某一个事物的理解就又进了一步。或许，积累了几本同一领域的读书笔记之后，你也可以结合自己的经验与阅历出一本书，你也可以成为这一领域的专家。

阅读带来成长与疗愈

阅读所产生的思考也是一种输出的能力。我的朋友米小微曾经告诉我说，正是阅读心理学相关的书籍，让她开始正视自己的原生家庭，看见了当年匮乏的父母是如何给自己带来创伤性体验的。她一步步地从原生家庭的泥沼中走出来，逐渐能区分人与人之间的边界，了解自己的行为模式是如何影响到她当下的家庭以及亲子关系的，让她不再讨好，不再在意别人的评判，努力去做自己喜欢的事情。阅读不仅让自己得到了成长与疗愈，也给自己的家庭关系带来了很大的改善。

专门研究咨询创造力的萨姆·格拉丁（Sam Gladding）博士指出，阅读是有治疗作用的，并且常常被用来作为心理咨询的辅助工具。他将阅读治疗描述为一种动态的三方互动，这三方指的是一本书、一位心理咨询师和一位来访者。

心理咨询师根据来访者生活中的问题或压力状况，开出阅读"处方"，作为咨询期间的作业。而来访者会带着阅读的感悟、体验、思考来到咨询室与心理咨询师讨论，并且在未来运用到他的个人生活中。

通常"阅读处方"中的心理类书籍具有权威性，而且这些作者可能也曾经有过焦虑、抑郁或者更严重的心理问题，来访者会从书中看到自己的影子，因此产生极大的共鸣。同时，作者也会讲述自己是如何战胜疾病的，这些方法都会给来访者带来新的行动指南。

心理疾病也可以说是"智力不足"所导致的，也就是没有足够的智慧去应对生活中的情绪、情感以及人际关系方面的问题。而阅读恰恰可以帮助我们打开一扇通往浩瀚世界的窗，提高我们的认知水平，让我们摆脱自己的局限性，以更开放的视野去看待发生在自己周遭的事物，从而更加从容地应对人生中的困难。

阅读丰富了我们的内心，让我们可以窥见更大的世界，同时将别人的知识、经验变成自己的人生财富，这个过程就是通过输入有价值、有营养的物质，经由我们消化与输出，最终滋养我们的精神，并且带来成长。

什么是输出

输出就是向外"发送信息"以及"采取行动"。输出的过程就是把自己读到的内容在理解、提炼之后，将它分享给其他人。通过分享不仅让知识留在了头脑中，而且还能提升自己的社交能力。因为分享本身就是一种沟通手段。而在知识分享的碰撞中，会让我们收获更多，产生乘法效应。

输出是一种表达。表达有很多的方式，如图示、演讲、写作、课程、视频、转述等，或者通过艺术方式，如绘画、雕塑、电影、音乐去表达。如果用精神分析的方法，将潜意识中那些压抑的内容意识化，如自由联想、梦的工作，也都可以称为一种表达。这种输出，可以扩大我们的意识范畴，让我们更加自由。

最近跟好几位知识博主聊天，发现他们都有一个共同的特点，那就是超强的输出力。有位靠讲书出道的女性，她在30多岁被单位优化后也曾感到非常迷茫和沮丧。因为喜欢读书，她不停地写书评，在自媒体上讲书，结果将自己的读书变现事业做得风生水起，影响了上万人，而且帮助了很多人实现了副业变现的梦想。看她的发展路径，发现她有个"一鸭多吃"的输出妙招，我自己也从这种复利效应中受益颇多。

我喜欢在阅读一本书之后在豆瓣上发表一些豆腐块的文字，写写书评。一次偶然的机会，被经常浏览豆瓣的出版编辑看见，他发私信给我，想推荐新书给我看看，我当然非常开心地接受了。

印象最深的是很幸运地遇到了《养育男孩》这本书。因为我家也是个男孩儿，作为妈妈，同时作为一个心理心理咨询师，也很想了解如何科学地养育男孩儿。阅读之后，自己感觉受益匪浅，就把心得体会结合书中的理论知识写了一篇书评发布在了自媒体上。

碰巧深圳读书会在书城有一个阅读分享的活动，我就把这本书的内容作为本次的分享主题，得到了很多听众的肯定，大家都觉得收获满满。

后来，我还多次将这个主题带进了中小学，跟家长们分享相关的教育理念。这本书在分享的过程中，收到了听众们的反馈，我结合自己咨询的经验，又写了一篇听书稿，投稿给了某个千万粉丝级别的读书平台，并且被录制成了音频。

仅仅是一本书的内容，可以被演化成这么多的输出方式，实现了在不同场景下的"一鸭多吃"。几年过去了，这本书的听书稿仍然在那个读书平台上影响着它的用户，形成了长尾效应。

如何进行输出

《输出式阅读法：把学到的知识用起来》这本书的作者，也是日本的专栏作家和评论家尾藤克之，他一年阅读1 000多本书，并且输出400多篇读书笔记，这种惊人的输入与输出量令人惊讶。

他提到了输出学习法，输入与输出按照1∶9的比例进行分配，也就是读一本书的时候，每读5~10页，就尝试对其中的内容用自己的语言进行转述。要想让知识内化成为自己的东西，就要遵循输出大于输入的原则，把读到内容的价值无限扩大。

那么，如何才能有效地输出呢？我在下面介绍几种方法。

费曼学习法

诺贝尔奖得主理查德·菲利普斯·费曼（Richard Phillips Feynman），也是费曼学习法的发明者，他认为我们所有形式的学习都是为了达到三个目的：第一是解释问题，第二是解决问题，第三是预测问题。而这三个问题都涉及输出，也就是将知识进行深度处理，并且转化成自己的智慧或技能。费曼学习法也称输出学习法，它是一种主动学习法。

费曼学习法包含了四个关键词：概念、以教代学、评价、简化。

首先，我们将需要学习的概念写在纸上，并且尽可能地去熟悉这个概念。比如，你想了解精神分析中"退行"这个概念，可以去查精神分析词典、搜索文献资料，或者听听专业老师的解释，把这个概念搞清楚。

然后,将自己整理归纳的知识用"以教代学"的方式讲给别人听。如果连没有学过精神分析的人都能听懂这个概念,就说明你已经掌握了它。

如果在讲述给别人的过程中有不清晰的地方,就可以重新回顾、复习前面的知识概念,最后再用简洁通俗的语言表述出来。

通常一本书,在内容简介部分就已经告诉读者,这本书说的是什么,想要帮助读者解决哪方面的问题。翻开目录,我们可以发现作者用什么样的脉络去表述这个问题,并提出了什么样的新见解以及解决方案。

每一个章节我们都可以用费曼学习法去尝试练习,这也就解决了很多人在阅读时总感觉读完什么也没有记住,在自己内心没有留下任何痕迹的问题。

善于反问和反省

在输入过程中,我们一方面需要具有批判性思维,如读到某个段落,不断地反问,为什么会是这样的,作者用了什么案例、证据去验证,是否有可以反驳的地方;另一方面,要不断地反省,书中谈到的内容哪些与自己有关,自己如何将输入的信息应用到工作与生活中。

我们每天会耗费大量的时间去获取新信息、新知识,却很少去想办法将自己新学到的知识应用到日常生活中。

同样是读书,为什么大家最终成长的速度以及产生的成果却如此不同呢?这实际上就是输出力上的差异,也就是每个人在知识的应用力、传播力上的不同。所以说,你懂什么并不重要,能让任何人都能听明白,才代表你真正地学透了这个知识。

当获得了某个新知识,我们第一个实践,就是把自己当作倾听者,对知识内容进行复述;第二个实践,就是进入一个真实传授知识的场景,向别人阐述你的看法。或者把书中有价值的观点整理之后,将它运用于生活中。

我曾经有个来访者就是一个行动力特别强的人。当初她找到我的时候,情绪出现了严重的问题,抑郁失眠,亲子关系和亲密关系都非常糟糕,让她身心俱疲惫。她在咨询过后,阅读相关的书籍,将自己的心得体会总结记录下来,将它们运用于自己的生活实践中。她在每次咨询中都会与我讨论书中领悟到的内容,跟我分享这些实践所带来的改变以及思考,然后再到生活中去自我调整。其实,她的改变除了在心理咨询中得到的帮助之外,最重要的是她的输出力。

RIA便笺法

什么是RIA便笺法呢?RIA便笺法就是将阅读分为R(阅读片段)、I(用自己的话重述知识)、A_1(描述相关联的现象或者自己的相关经验)和A_2(以后怎么应对或者应用)

我们来举一个例子,《自我驱动心理学》这本书里的一个片段。

R:阅读原文片段。

"精疲力竭症常常是由持续不断的微小琐事所引发的症状,表现为成功之前的焦虑,以及成功之后的倦怠。"

这段文字我觉得很好,对我很有帮助,那么现在要分析这句话为什么对我有帮助。

接下来，要先理解这段话的意思，也就是第二步。

I：用自己的话复述这段话讲了什么。

这段话主要讲：有些人似乎离成功只有一步之遥，就差这么临门一脚，他却选择了放弃。成功后，如果想要一直保持成功的状态，非常不容易。我们每个人，其实都是成功的牺牲品。

理解这句话的意思后，我要想想这跟"我"有什么关系，或者与我知道的什么事件有关，也就是第三步。

A_1：描述相关事例或经验。

影视娱乐圈中有一些演员，为了保持自己作品的质量，通过吸食毒品，来获得创作灵感，结果却让自己成为阶下囚，让自己离成功越来越远。

惠特尼·休斯顿是美国天后级的歌星，因为过量服食毒品和抗抑郁药物，最后死在了酒店的浴缸里。

他们都曾经站在了事业的巅峰，想要维持来之不易的名誉地位，想要将自己最好的一面展示在众人面前，这往往提高了别人的期待值，也对自我有了更高的要求。成功，不但没有使他们远离心理问题，反而加剧了负面情绪的恶化。这是反面的事例。

可以接下来说一个正面的事例。

日本积极心理学学校的校长、资深的复原力教练、《复原力》作者久世浩司，就是这种经历过精疲力竭症的成功人士。

他曾经是宝洁公司的高管，被派驻到新加坡，因为对新环境不适应，被各种不安情绪折磨得痛苦不堪。他的内心总是被"不会顺利吧""会失败吧"这样的声音所干扰，工作也陷入了困境，停滞不前。看起来，所有的事情似乎都事与愿违。

在他与自己的"不安"做斗争的过程中,他幸运地遇到了"复原力"。"复原力"这个词,我最初是在Meta前首席运营官谢丽尔·桑德伯格所写的《另一种选择》那本书中看到的。深爱的丈夫在她身边猝死,让她的整个世界都崩溃了。她无法照顾孩子,无法工作,陷入了深深的抑郁。

她就是通过复原力,最终让自己慢慢地走出了悲伤,重返职场。

那最后一步就是如何落实到行动中,也就是第四步。

A_2:以后我怎么应用。

我列了以下几个方法供大家参考。

第一种方法:S曲线思维。

久世浩司在《复原力》这本书中讲到了一个S理论,即通过良性压力去寻找解决问题的方法,去发现另一条通往成功的道路,这或许是破解职场精疲力竭症的良方。

每一份职业或者是每一项事业,都会经历四个时期:创业期、成长期、成熟期和衰退期。这四个时期的发展就如一个S曲线,因此,成功很难像一条直线一样维持在一个水平上。当成功不在的时候,人们就会感觉到焦虑。

当建立了S曲线思维后,我们越是在成熟期、职业上升的阶段,或者是志得意满的时候,就越不应该掉以轻心,而应该在这个阶段开始开拓新的领域。

第二种方法:工作形塑。

在面对职业倦怠时,久世浩司提到了一个"工作形塑"的概念。在我的咨询中,也会有来访者处于一种两难的境地。当下的工作，对他来说非常的乏味，自己觉得很没意思，但是这份工作收入可观，而且，自己暂时也还找不到这么高收入的工作。

面对这样的问题，我们就可以通过工作形塑的方式，去把当前的工作，变成能让自己进一步成长的有意义的工作。也就是通过自行重构职务，赋予工作职责以新的意义。

我们运用RIA便笺法，将上面四个方面的内容整合一下，就能输出一篇书评了。

输出的形式与创新

谈话

谈话本身也是一种输出，通过谈话，可以帮助我们建立关系，输出信息与观点。有的人很受欢迎，是因为他有趣、有料，可以给人带来愉悦感，或者带来思想上的启迪。与高人谈话，会让自己有机会更快地成长，因为他们的经验与见识，可能是书本中都很难学到的。同时，假如我们想要融入某个圈子，可能也需要具备与他人对话的能力，这就促使我们去恶补相关的知识，这是最便捷，也是非常高效的输出方式。

写作

写作需要具备缜密的逻辑，并且将知识系统化。写作是一项艰辛的工作，但同时也是一种将自己内化的知识榨取出来的最有效的方式。

例如，写一篇有关心理方面的文章，我需要针对某个社会现象进行分析与解读，或者去解释一个心理学的概念，这就需要我首先去获取相关的信息，查阅资料获取理论上的支持，并且调取经历过的案例或数据予以佐证,组织好自己的语言,将创作的内容呈现出来。

写作可以整合我们已有的知识,同时去发展与创新。而在文章发表后,我们会获得反馈,这会加深我们在这个领域的探索。

演讲

这是一个借助表达红利实现个人成功的时代,演讲无疑是与人更接近的表达方式。演讲者会通过自己的口头语言以及肢体语言去传递自己的知识与思想,从而提升自己的影响力。

无论在职场中还是在社会群体中,登上舞台去展现自我,都会帮助我们提升自身的存在感、赢得他人的尊重。短肢畸形患者,同时也是励志的演讲家尼克·胡哲(Nick Vujicic)就是靠演讲改变自己的命运的,也让上亿人通过他的演讲知道了他的故事。

知识翻转

最近培训界有一个很有意思的课程——培养知识翻转教练。"翻转"的意思就是让学生根据自己阅读的书以及查询的资料,完成某个主题的学习,并将这些内容在课堂中呈现,最后由教师来做出评价。这是一种非常主动的学习方法,作为教师,在上课前引导学生高效学习知识,课堂中引导学生参与、体验、结构化研讨,连接新知与旧知,并触发学生课后的行为转化。

输出是对输入知识的检验,它也是一种实践。输出力是一种高效的行动力,只有输出才有机会出成果,也才有可能被更多的人看见。

整合力：发现并充分调动内部与外部优势资源，实现价值最大化

一对恋人在即将步入婚姻时来找我咨询，他们发现彼此有太多的差异，不断的争吵已经将过去对对方的好感消耗殆尽。他们甚至开始怀疑对方究竟是不是那个"对"的人，这段关系还要不要继续下去。过去自己眼中的恋人有多完美，现在就有多糟糕。那么，为什么会出现这种状况呢？

其实，这就涉及一个人内在的整合力。这对恋人看待伴侣，在恋爱初期，全是美好的，在相处一段时间后，看见的全是对方糟糕的部分。这种要么全好，要么全坏，非黑即白，或者只论对错的情况，都是缺乏整合力的表现。缺乏整合力的人往往无法了解一个人的好与坏，就像硬币的两面，是不可分割的。

假如我们只想接纳对方"好"的部分，而无法容忍对方"坏"的部分，而且这个"好""坏"在不同的人的内心还有着不同的标准，就会导致两人之间冲突不断。比如，只接受他的成功，却不

接受他的脆弱；只接受他的温柔体贴，却不接受他有一个强势的妈妈；接受他对自己的好，却不接受他对他父母太好。这就是无法将对方当作一个整体来看待。

整合力（integrative capacity）除了这种心灵内部的整合之外，还涉及个体在面对变化、矛盾或复杂的情境时，有效整合内部与外部的资源，包括信息、知识、观点、体验、人力与物质等资源，从而获得最优体验或者最佳成果的能力。

拥有整合力会让人具备什么样的优势

当一个人具备整合力时，他更容易获得事业上的成功，并且拥有幸福生活的能力。

我参加的某个家庭治疗的培训课上，主持人在介绍嘉宾时，用了一个非常幽默的方式去夸赞作为主办方的精卫中心院长，主持人说这位有着家庭治疗丰富经验的院长就具备非常厉害的整合力，他将这种能力很好地运用到了医院的管理工作中，人际关系搞得相当不错。

具备整合力的人通常拥有开阔的视野，能够看见新的模式与发展机会，尝试整合不同渠道的信息、意见与观点，并且制定出未来的战略发展方向。他们也擅长整合人才的优势资源，让机构或企业的各个部门高效运转，获得良好的收益。

整合力也可以说是一种创新。在心理咨询中有个整合流派，在家庭治疗中我们也可以将很多心理咨询技术融合在这个体系中，如将绘画、团体、游戏、书写、心理剧，以及精神动力、认知、人本等各种流派整合进心理治疗中，在不同的场景下用最适合的方式来帮助家庭解决问题。

现在经常提到的跨界，或者跨学科的研究者，一般都具有高度整合力。胡适曾经拿到了耶鲁大学、哈佛大学等多所名校的36个包括法学、文学、哲学、人文等学科的博士学位，其实你会发现这几个领域底层的知识有很多相通的部分，他充分地整合了跨学科的知识，最终获得了这么多的学位。

乔布斯也可以说是个跨界的天才，当年被逐出苹果公司，他转身投资了一家动漫公司皮克斯，自己不但参与了故事创意和制作的全过程，甚至还在发行中对每一幅海报提出意见，事事亲力亲为，这种极致的投入最终获得了事业的成功，让《玩具总动员》一举拿下了全美的票房冠军。他在当年辍学后还痴迷于书法，而在后来从事IT行业后，竟然把在书法课上学习到的艺术理念带入了苹果公司的产品设计中。

整合力在团队合作中尤为重要。在一场营销活动中，作为活动的负责人，了解营销活动的每个关键节点要做些什么，需要配置哪些资源，整个流程是怎样的，这是一个内部知识与经验的整合。

面对团队的外部整合，就需要调动团队成员的积极性，充分发挥他们各自的优势，领导者越能充分地利用集体的智慧，给予大家创造的空间，自己反而越轻松，工作成效也会越显著。

团队中常见的内耗，往往是沟通不到位。整合能力可以帮助我们了解每个人的内在需要，也就是在工作中被看见、被肯定、被鼓励、被支持等，同时帮助团队成员看见团体的整体目标与个体目标之间的一致性，这样就可以避免因不公平所造成的消极氛围以及相互推诿的工作态度，增强员工的凝聚力以及能动性。

同样地，在家庭和人际关系中，整合力可以促进良好的沟通和互动。为什么这么说呢？作为一家之主的父亲，如果能够尊重和理解家人的观点和需求，更加包容与接纳大家在认知、做事方式方面的差别，他就做了一个很好的示范，家庭中可能就会形成一种彼此尊重的氛围，让关系更加和谐。

总之，一个具备整合力的人，可以更好地整合自己的内部资源，将智力、精力、能力等投入让自己更高效、利益最大化的地方，减少内耗，保持一种松弛感。同时可以整合自己的外部资源，如物质、关系、信息等，找到其中的关联性，发挥更多的创造力。

一个整合力很好的人，或者称为一个"完整的人"的人，可以更好地平衡个人生活与事业发展，也更能获得幸福与满足感。

整合力是一种什么样的能力

整合力，像是一个"编织"的过程，是将信息与思维中的碎片，通过某种逻辑方式编织成区块，从混乱到有序，从旧知识到创造新知识，从发现问题到寻找解决方案的全过程的能力。

首先，在信息时代，最重要的整合力是联机能力。当今社会，每个人都高度依赖互联网，工作中需要获取市场信息、产品信息、客户信息、技术信息等，生活中通过网络满足我们的衣食住行等的需要，甚至通过各种聊天软件、交友软件以及各种娱乐平台等满足我们的情感需要。

这就要求我们具备很强的互联网搜索能力，能够快速、准确地找到自己想要的东西。无论是个人还是企业，成功很大程度上取决于获取信息的能力，而信息差往往能给人们带来丰厚的回报。

联机能力包含了互联网的搜索能力、甄别虚假信息的能力，以及信息变现的能力。

一位自媒体作者，如何通过联机能力快速写出文章呢？一个社会事件上了热搜，网上信息满天飞，这时我们可以通过关键词进行搜索，关键词则需要具体而准确。

接下来，如何评估和筛选搜索结果呢？我们主要评估信息的可靠性和相关性。可以查看网页的来源、作者的资质和权威性、内容的更新时间等因素，帮助我们判断这条信息是否值得信赖。

在此基础上，再进行信息的整合，有理有据地表达自己的观点，就可以在很短的时间内写出一篇评论文章。有时，快速地整理出当下各方观点的文章，也能帮助读者更快、更全面地了解整个事件的脉络，这会大大节省读者的时间成本，往往这类内容也会成为爆款。

另外，随着人工智能技术的飞速发展，人工智能就像一个小助手，可以快速高效地帮助我们生成相关的报告、商业计划书、工作总结、创意策划、各种文案、个人简历等。秋叶团队在最近出版的新书《秒懂AI写作》中提到，想要充分发挥人工智能的潜力，我们需要学会驾驭人工智能，而最关键的地方就是针对不同的场景进行准确提问。我们需要提供给人工智能足够的信息，让它了解我们的需求，并且通过修改关键词、添加详细描述等方式来逐步优化提问，引导人工智能生成更符合预期的内容。

其次，整合力是发现资源与挖掘资源的能力。在某个领域做得比较成功的人士往往都具备整合力。我因为喜欢旅游，偶然关注了一位旅游博主，跟随她的文字和视频了解了很多国家。她是一位大学教师，而旅游只是她的兴趣爱好。随着她的影响力越来越大，有很多的酒店或者旅游相关产品的供应商找到她寻求合作。当副业占用了大量的时间，收入已经超过了主业时，她做了一个大胆的决定，从高校辞职创业。正当她准备大干一场时，疫情来了，一切工作都停了下来。

她开始尝试利用现有的资源去拓展业务。粉丝对她是有一定信任度的，她分享的好物总有人问在哪里买的，她想到自己的审美还不错，而身边也确实有一些性价比很高的产品资源，不如利用自己语言上的优势开启直播带货。

结果在疫情三年，她不仅赶上了风口，将直播带货干得风生水起，还生了个宝宝，成为一位妈妈。疫情过去，我看到她又开始带着员工去旅行，或许她可以重启旅游博主这个赛道，而妈妈的身份又让她尝试开启母婴这个赛道，她真是一个整合资源的高手。因为粉丝的需要是多元的，她可以精准地在不同赛道上满足粉丝们的需要。

最后，整合力还包含了开放的思维、多元思维、情绪智慧以及灵活性等，也可以说是思维层面的整合力。

对世界以及他人保有好奇心，会让我们更容易去理解不同的观点，探索不同的角度、个人经历以及文化因素，从而调整二元对立以及偏执的思维模式。

针对"不结婚"这样一个社会议题，我们每个人都有自己的观点。如果僵化地认为不结婚就不幸福，可能就无法更加包容地看待这一社会现象。不结婚并不代表没有亲密关系，这也意味着每个人的价值取向是多元的。不婚族也许觉得将更多的时间和精力投入事业上对于实现人生价值更为重要，如果家庭与事业之间无法做出平衡时，他们宁愿选择事业。

当然，人生中会面临很多重要的选择，常常有来访者因为无法做出选择来找我咨询。分析原因，无法选择很多时候是我们什么都想要，不愿舍弃，同时可能是因为做出选择之后会让自己感觉未来没有选择。

还是拿结婚这件事情来说，女性到了30岁很容易因为还没有进入婚姻而焦虑，核心的恐惧是害怕错过了最佳生育年龄。所以30岁要结婚似乎变成了唯一的选择，但当下又遇不到可以结婚的对象，这就变成了一个死结。

如果对生命的理解更具弹性、更具灵活性一些，那么就可以发现更多的可能性：40岁结婚也没有问题；不结婚也是一种生活方式，婚姻不是必需品；一个人也可以过好这一生……跳出来看，也许就不会逼迫自己而使自己始终处在焦虑之中了。

整合力还涉及理智与情感的整合，包括对情绪与情感的理解与管理，能够在冲突中保持冷静与理性。情绪智慧又称情商，高情商的人能够从容应对自己的情绪波动，做好情绪管理。他不仅对自己的感受很清晰，拥有较大的情绪弹性空间，同时也善于捕捉别人的情绪和想法，也就是察言观色的能力，对另外一个人满怀着好奇心，用心地倾听，去捕捉语言背后的内容，从而更好地理解一个人，共情他人的感受。与高情商的人待在一起会感到非常放松和舒服，他兼具理性与感性，让人与人之间既有情感上的联结，又有边界感。

自我整合

拥有整合力的人需要具备什么样的内在人格特质呢？这些人格特质可以通过后来的学习改变吗？

我们知道一个人的人格是在早年的养育过程中逐渐形成的，人格一般具有一定的稳定性，这也是其比较难以改变的原因，但这并不意味着无法重新被塑造。研究发现，人与人的差异在少数情况下是"完全或主要由基因决定的"，而在大部分情况下是由环境决定的，这也就意味着人是具有可塑性的，环境在其中起着决定性的作用。

那么，一个人早年的家庭养育环境是如何影响他的内在整合力的呢？

英国精神分析师、儿童精神分析的开拓者梅兰妮·克莱因（Melanie Klein）基于婴幼儿心理发展水平，提出了偏执分裂与抑郁位态的理论。

她认为婴儿最初是与客体的某个部分建立联系，如母亲的乳房，当母亲的乳汁是丰沛的，可以满足与滋养婴儿的需要时，婴儿就会幻想这是"好乳房"；而当干瘪的乳房无法提供乳汁时，它就是"坏乳房"。这时婴儿的心理发展就处在偏执—分裂位态。

在养育过程中，婴儿生命最重要的客体（通常是母亲）不断给予婴儿无条件的爱与满足，安抚婴儿的焦虑与恐惧，婴儿就逐渐能把同一个客体的各种不同特征（好客体和坏客体）整合在一起，并开始感受到他们和母亲不是一个整体，"爱的客体"存在于自体之外。

这时，婴儿的心理状态就进入了抑郁心理位态，并且把好与坏两种性质集于同一客体上。缺乏这样的整合，看待事物以及关系就很容易陷入非黑即白的境地，或者常常使用分裂的防御机制，以避免不愉快的体验。

在养育过程中，影响整合力的主要因素主要包括以下几个方面：

第一，情感支持。在温暖、支持和爱的家庭环境中成长的个体更有可能培养出健康的内在整合能力。有些人无法信任他人，总是会把自己放在受害者的位置，将他人投射成迫害者，往往是在成长过程中经历了被忽视、指责或者被虐待，尤其是情感上的拒绝与不回应，会导致他们渴望靠近温暖的客体，并且将客体理想化。而一旦发现客体并非自己想象的那样，就会反过来极度贬低对方，认为对方一无是处。

第二，一致性与稳定性。在婴儿早期，我们需要有一个稳定的客体作为照顾者，如果照顾者总是情绪不稳定，前一秒是开心的，后一秒就变脸，这就会让婴儿无所适从。同时，频繁地更换照顾者，也会让婴儿开始回避或者讨好，以保证自己可以活下去。面对这样的照顾者，婴儿对于客体的意象是混乱的，他无法区分什么是好，什么是不好。

第三，冲突的解决方式。任何家庭中都无法避免争吵与冲突，重要的不是冲突本身，而是父母解决冲突的方式。比如，在教育孩子的问题上父母常常会有分歧，而有些父母没有能力解决他们之间的核心冲突，并将这种冲突外化后转嫁到了孩子身上，孩子就不得不需要站队。可是父母都是他爱的、重要的人，孩子就会非常分裂，不得不带着内在的冲突做出矛盾的选择。如果父母可以接纳、容忍彼此的差异，用沟通的方式解决冲突，他们就会给孩子一个很好的示范，帮助孩子整合不同的观念与价值观，保持心灵内在的和谐。

第四，情绪调节能力。前面我们提到高情商的人具有很好的整合能力，父母之间如何处理情绪，以及父母对于情绪的态度会影响一个人的情绪调节能力。比如，孩子受到了委屈不许哭，父母之间一争吵就拳脚相向，这些都是否认情绪或者将情绪行动化的表现。那么，孩子可能就只能表达好的、积极的情绪，压抑那些消极的情绪。实际上，无论是积极的还是消极的情绪，都是我们的生命资源，它就像硬币的两面，如果没有悲伤何来欢乐，没有痛苦何来幸福的感受呢？

早年在家庭中制造的失整合的状态，如何在成年后重新进行整合呢？在心理咨询中一个非常重要的工作就是帮助来访者进行整合。通常会着重在下面几个方面进行整合：

过去与现在的整合

这也是精神分析流派的心理咨询要回溯过去的原因。在不断谈论过去的经历时，可以将现在与过去、与未来连接起来，形成一个人对自我感知的连续性，明白自己是为什么成了今天这个样子，从而对未来的改变报以信心。

在咨询中会回忆起很多尘封的往事，有些阶段发生的事情完全被遗忘了，或者不同渠道获得的信息是矛盾的，又或者家庭中隐藏着无法言说的秘密等。这些内容可以将某些断裂的生命经历连接起来，对于那些丧失进行必要的哀悼，把那些混乱的信息整理得有秩序，将那些不清楚的叙事搞清楚，这些就是心理咨询的过程。心理咨询是一段探险的旅程，是需要有凝视深渊的勇气的。而在这个过程中，才能真正地认识自己，找回失落的自我。

重新整合也是一个重新塑造的过程。在咨询中，心理咨询师通常会给予一些诠释，而这些诠释有时候是面质，帮助咨询者看见矛盾的地方，从而避免只有一个视角，或者只看见一个方面；有时候是阳性赋意，也就是给予积极的解释，让咨询者对自我更有掌控感。

在这个过程中，咨询者就会获得矫正性的心理体验，重新看待自己。过去可能认为自己是匮乏的、残缺的、一无是处的，现在则可以发现自己是拥有资源的、有优势的，即使不完美，但是是完整的，也就是有缺点也有优点的完整人。

自我同一性整合

艾瑞克·艾里克森提出了自我同一性理论，他认为一个人在成长过程中可能在自我认同方面感到困惑或冲突。我们在社会中会有不同的角色、身份，如一个女性，她是女儿、妻子、妈妈、女企业家，在这些身份中她可能会有矛盾，就需要去做出平衡。

又如一个青少年在性别认同方面会有冲突，他的生理特征是一个男孩儿，可是他感知到自己内在却住着一个女孩儿，或者在某个阶段只对同性有好感，对异性很排斥。我们不会给青少年轻易地贴上"同性恋"的标签，因为青少年期正是自我同一性的混乱期。通过对自我的探索，青少年会越来越清晰地确认性别给自己带来了什么，对他们意味着什么。

很多人终其一生都不知道自己想要的是什么，这很大一部分原因是在早年的养育过程中，父母替代孩子做出了太多的决定。孩子很多时候是为了父母而学习，按照父母的期待去生活，突然有一天发现自己从未为自己而活过，这时就会感觉活着没有了意义。

矛盾与冲突的整合

人们的内在冲突指的是个体内在所经历的矛盾、不一致或者互相抵触的情绪、欲望和需求。弗洛伊德的结构理论中提到，每个人都有着与生俱来的本能欲望，在后天的成长过程中，我们会从家庭、社会以及文化中习得很多的社会规条以及戒律，这就形成了我们的超我。当本能的欲望与超我的限定发生冲突时，我们的自我就需要出来"调停"，解决这个冲突，要么本我做出妥协，要么超我做出妥协，因此，我们所做出的决定也可以说是妥协的结果。

美国心理学家卡伦·霍妮（Karen Horney）在《我们内心的冲突》中指出，在个体的成长和发展过程中，社会和文化的压力、父母的期望以及个体内部的欲望和需求之间会出现矛盾。这些矛盾可能涉及对爱与依赖、权力和独立等方面的需求。

例如，一个已经大学毕业的孩子，他很想摆脱父母的控制，从原生家庭中独立出来。可是现实中他没有办法找到工作，不得不待在家里依赖父母，这令他很痛苦。也有的成年人，也就是通常说的"妈宝男"，你会发现他就是不想长大，把自己放在一个孩子的位置上，可能想要表达对父母的忠诚，只要是个孩子就有理由留在父母身边，但在现实层面如果结婚了，他就需要承担起为人夫、为人父的责任，这同样会导致内在的冲突。

整合这些矛盾与冲突是一个漫长的修整过程，这需要提升我们的自我功能，也就是平衡本我与超我的力量，可以做到既独立又依赖，拥有爱与工作的能力，允许自己依赖别人，也可以被别人所依赖,从而获得内在的和谐。

如何才能更具整合力?
自我接纳

完整的人格是接纳自己的理智与情感,而不是将二者割裂,要么任由自己的情感如脱缰的野马恣意宣泄,要么回避情感只有道理与规则;接纳自己的不完美,看见自己的优点、资源,也接纳自己的缺点与局限性;接纳自己的脆弱,允许自己表达脆弱,同时不会把自己放在一个受害者、被拯救者的位置,相信自己有能力、有力量去应对人生中的困难;接纳自己愤怒、悲伤、焦虑的情绪,情绪不分好坏,只是一种提醒自己需要关照自己的信号,也同时有让自己获得平静、喜悦的情绪能力,并且把这样的感觉传递给身边的人;接纳自己在成长过程中曾经没有被很好地对待过,而这些正是我们成长的空间,因为万物皆有裂痕,那是光照进来的地方。

自我接纳的第一步是了解自己,尤其是看见自己的两面性甚至多面性,并且允许这些多面性的存在,这或许是创造无限可能的基础。

第二步是面对真实的自己。正因为我们无法接受自己的阴影(注:荣格提到了人格面具与阴影的理论)部分,才不得不隐藏压抑那些自己不接纳的但属于自己的部分,以虚假的自我来面对人际关系,从而失去了与自我、与他人的真诚联结,生命逐渐走向枯萎。

第三步是善待自己,允许一切的发生。生命是一个过程,在我们离开这个世界时,只有充分地活过、体验过,我们才不会恐惧死亡，才会没有遗憾。

只有对自己更接纳，才会对他人更接纳、对这个世界更包容。海纳百川，有容乃大，以接纳的态度，接纳自己不是那个最好的，却是这个世界上最特别的、最独一无二的个体，会让我们保持独立的自我，拥有自尊与获得自爱的能力，同时从外界获得更积极的回馈。

积极的人际关系

关系是一面镜子，可以帮助我们看见自我的不同方面，这是塑造完整性的基础。

作为一名心理咨询师，我每天需要见到不同的来访者，他们的故事会引发我的各种体验，我会共情他们的感受，与他们一起悲伤、一起哀悼，有时也会受到他们愤怒的攻击。这让我很委屈、无力，甚至也会有些愤怒。

在他们身上我能看到在如此困境中，他们在努力地活着，这让我知道我不是拯救者，我只是一个见证者；当他们无助、无力时，我也会被这种无力感消耗，这让我知道作为助人者并非无所不能，我也有我的局限；当他们真的成功从困境中走出来时，我会为他们高兴，但我知道，这样的成功其实都是他们自己的努力，他们是自己命运的缔造者，我只不过是他们一段生命旅程中的陪伴者。

作为一位母亲，我在养育孩子的过程中也有很多的焦虑，会因为无法给孩子提供更好的学习资源而内疚，因为孩子没有满足自己的期待而失望，也会因为孩子进入青春期拒绝与我沟通而难过，也曾经因为孩子打游戏而担忧。

在我的内心会因为心理咨询师这个角色而有冲突，我不接受自己学习了这么多年的心理学,读了那么多育儿的书,还有这么多的问题。而在与孩子的互动中,在我对自己学习到的知识用于实际同时也带着某种觉知,就是我以为的好方法未必对自己的孩子适用,我需要适时地退后一步,避免将自己认为对的方法强加给孩子。

每个场域中人际关系的互动,都会让我对自己更了解,从而更加全面地看待自己。在我带领的电影写作团体中,每个团体成员的表达,都可以被他人共情到,让他们感到自己并非是一个人在受苦,这种被支持、被看见、被理解的感觉就会使他们重新获得力量感。我们并非被悲伤所击垮,而是因为悲伤没有被看见的孤独而崩溃。

系统观

我们每个人都存在于各种各样的系统中,工作单位是一个系统,原生家庭是一个系统,新生家庭(相对于原生家庭而言的核心家庭)也是一个系统。在这些系统中,作为个体的改变都可能带来系统的变化,从而对系统中的他人带来影响。

系统论认为每个点都遵循某种规律运动,最后会形成一个稳定的状态。系统在受到外部信息的扰动之后会变得不稳定,然后通过某种机制再次回归稳定状态。系统就是在这样稳定与不稳定中不断地循环往复。

系统观会帮助我们看见,事物的发展并非线性因果关系,而是循环因果关系。比如,丈夫晚回家,妻子会非常愤怒,见到丈夫就会因此而争吵。这是一个线性因果关系,争吵是因为丈夫晚回家导致的,是丈夫做错了,解决问题的方法是让丈夫早点回家。

但如果用循环因果关系的视角来看,妻子可能也有责任,丈夫回到家总是被指责并且引发争吵，他就越来越不想回家，结果回家的时间越来越晚。所以，从系统的观点来看，夫妻二人都需要为争吵负责任。

这也是一个整合的视角，即不是强调对错，而是强调二人的关系互动模式。如果系统中的某一个人做出改变，比如，丈夫原来一周五天晚回家，变成了一周有两天是准时回家，与家人一起吃晚饭，或者丈夫晚回家了，妻子自己心情还不错，并没有对丈夫抱怨，这些不同会发生什么变化呢？

用系统的视角来看待发生的事物，我们往往能看到某些系统中的配对，以及相互配合导致了这样的结果。在亲密关系中，伴侣是相互成就的，他们相互鼓励，总能看见对方身上的优点，并且给予赞美；而有的伴侣却是相互毁灭的，他们是对方的差评师，永远只能看到对方身上的不足，相互贬低。后一种类型的伴侣，假如其中一方因为痛苦而改变，就会给系统带来振荡，甚至带来系统的瓦解。

多元思维模型

查理·芒格认为思维模型是大脑中做决策的工具箱，工具越多，就越能做出正确的决策。整合力需要将内在所用的工具进行创造性的整合，并且选择适合的组合运用到不同的场景中。

在我们的生活中，针对某一事件需要具备多元思维，可能包含心理学、历史观、哲学思维、设计思维、产品思维、用户思维、故事思维、商业思维、批判性思维等多个方面，多元思维会极大地拓展我们的思维领域。其中，会有对立矛盾的观点，我们可以汲取所长，整合后以更全面的视角做出决策。

美国自由书写导师纳塔莉（Natalie）曾经提到一种写作疗愈的方法，就是想象一件让自己感受最强烈的事物，不管是正面的还是负面的，都把它当成最热爱的事物来写。写完了之后推倒重来，再把这件事物当成最痛恨的事物来写。然后，放下前面的喜欢与痛恨，最后用中立的角度去写。这样的训练方法，让我们在爱、恨、平静中立的状态中去体验，可以让我们通过多个视角和因素来形成更全面的观点，从而提升自己的心智水平，超越对与错、非黑即白的二元对立和单一的答案。

总之，整合力与开放性、创造性、批判性、综合性、系统性、包容性、灵活性有着非常紧密的联系，同时也与一个人的身心状态有关。

身体与心灵的整合会让一个人更容易做到知行合一、内外统一，从而更有行动力。这种整合力会帮助一个人关注自己的身心健康，做到既可以满足自己的需要，也可以在有能力的情况下满足他人的需要，并且可以知道如何去拒绝那些给自己带来伤害的关系与事物，让自己处在一个自洽与舒适的状态。

一个人的内在整合是一个持续的过程，每个人在人生的不同阶段和情境中都会遇到各种各样的挑战。如果觉得自己在内在整合方面有困难，你也可以寻求心理心理咨询师或专业人士的帮助。

推动力：自我驱动，协同他人达成目标

前不久我被某个出版社邀请与一个心理平台进行合作直播宣讲，从开始策划这个讲书系列，再到开播，前后仅用了一周时间。我提供每期直播的主题与大纲，平台负责宣传招募以及物料的准备，合作非常顺利。在合作中给我最大的感受就是与我对接工作的小青，她具有极强的推动力。

曾经是K12销冠的小青，转行进了心理咨询的赛道，她每场直播的目标都非常明确，通过讲书来带动书的销量，同时将内容关联到心理平台的课程，因此她每场直播都有不错的转化效果。在第5场直播时，小青跟我商量说："粉丝对你有了信任感，看看你有什么相关的课程可以在直播中顺带提一下。"

我刚好有一个写作团体的项目可以进行，就答应了下来。我有一个习惯，就是可以做的事情会一点儿也不犹豫先答应下来，这样我就没有退路可走了。答应是答应了，可是我迟迟没有进一步的行动。

在直播开始前两天，小青就开始催我要课程的文案了。我当时心想，她这一点儿也不给我偷懒的机会。当天晚上12点，我把花了两个小时写好的文案发给了她。在接下来的那场直播中，这个课程差不多一下就报满了。

促成一件事情，可能有很多的因素，比如，手头有现成准备好的内容、素材，内在的能动性，及时的反馈，以及外部的配合与推动，也就是内驱力与外推力的完美结合，这是成事的法则。

我们也常常发现成功的企业，除了有一个具有前瞻性、有战略眼光的企业家之外，还需要一个有执行力的团队帮助将这些战略推动下去。华为在当年花了近20亿元请IBM公司设计了一套先进的管理系统，因为组织系统的改变必然会带来人员、流程的变革，这当然会影响到很多人的利益，要推行下去一定阻力重重。但当时，任正非态度非常坚决，最终推动了这套先进的管理系统的落地，成就了今天的华为。

推动一件事情成功落地往往涉及三个层面，第一个层面是自己的内在推动力，也就是内驱力，这是产生结果的核心；第二个层面是外部推动力，如时间期限、组织或权威的要求、别人的期待等；第三个层面是推动他人完成任务，也就是促使别人行动以及协作，高效地完成任务。

是什么阻碍了推动力

一项工作或者任务推行不下去，从个体层面分析，会有什么样的原因呢？

压力

当面对一件从未做过的事情，不知道如何下手时；在推进事物的过程中有很多的不可控因素，具有很强的不确定性，很难达到自己想要的结果时；特别害怕失败，无法承受失败的结果，可能会过度放大失败的结果时；被迫去做一件自己非常不喜欢的事情，内心感到非常厌恶时，这些状况所带来的压力都会让工作很难推动下去。

有位女性朋友最近面临晋升，按照单位的晋升流程，她需要在某个截止日期前提交申请，看起来这是一个非常简单的操作，但她就是迟迟不想行动，一直拖到截止日期才提交。接下来她还需要准备演讲PPT，而这个工作对她来说推进起来更加困难。她每天都会告诉自己今天开始行动，但是一坐在计算机前就头大，一个字也写不出来。这个过程非常内耗。

晋升本来是一件好事，但仍然会给我们带来压力。我们会把这种类型的压力称为正性压力，因为结果是自己想要的。在推进过程中当然会有很多的不确定性，而一旦一个人把结果看得很重要，以及担心晋升失败后别人会怎么看待自己，晋升之后面临着的更大的工作压力与挑战等，这些就会阻碍一个人去行动。

在压力下，我们通常会做出三种不同的反应：战斗、逃跑或者停滞。战斗反应会让我们的效率更高，更为积极主动地去争取以及突破障碍；逃跑反应则是回避或者退缩，或者忽略、放弃这样的机会；停滞反应就像这位女性朋友当下的状态，既不想放弃，又没有动力往前推进。

愿望

在开始做一件事情之前，可能要问自己做这件事的"初心"是什么，或者它的意义是什么，也就是，为什么要做这件事情。了解到自己的真实意愿后，就能够区分这件事情是"应该"做的，还是自己"愿意"做的，有没有可能拒绝这些"应该"做的事情，去做那些真正想要做的事情。靠意志力往往很难去坚持做一件事情，而靠热爱则可以不去计较得失而享受做事的过程。

最近很火的短视频，很多心理心理咨询师想要参与这个赛道。如果放在"应该"的角度来看，别人都在做，而且有些的确赚了不少钱，如果我不做，可能会错过了这波红利。而从"愿意"的角度来看，首先要问问自己为什么要做这件事情？有个心理咨询师就谈到因为现在市面上的心理科普良莠不齐，有些宣讲的确是误导观众，甚至给他人带来伤害。让更多的人了解科学的知识，以及真正的心理咨询是什么样的，这就变成了她做短视频的使命。

当我们被困住感到有些事物无法往前推进下去时，可以停下来去想一想，我真正的愿望是什么。斯坦福人生设计课的创始人之一戴夫·埃文斯（Dave Evans）当时考上斯坦福大学时，学的是生物专业，当时学习这门专业非常吃力，他时常考试不及格。

他当时选择这个专业是受到两个人的影响，一位是法国著名的海底探险家雅克·库斯托，另一位是他的生物老师施特劳斯。雅克是他的偶像，而生物老师的引领让他对生物产生了浓厚的兴趣，他也的确在这门功课上一直保持着极为优异的成绩。

顺理成章地，他选择了斯坦福大学的生物专业，但在就读这个专业的两年间，即使他很努力也无法提升成绩，并且越来越难以忍受那种枯燥无聊的学习生活。其实"注定成为海洋生物学家"的愿望一开始就误导了他。后来他转到了产品设计专业，才如鱼得水，利用自己的产品创新思维与比尔·博内特（Bill Burnett）共同创建了斯坦福大学"人生设计实验室"，将设计思维运用到了人生设计上，影响了越来越多的人，这在成就了他人的同时，也成就了他自己。

胜任力

在工作中，如果缺乏胜任力，也就是说，工作任务的难度超出了自己的能力范畴，而我们又碍于面子难于开口去寻求外部资源或者支持，就会时常陷入一种无能、无力的状态中，这时，工作任务就很难推进下去。

有位职场新人小赵曾经因为这样的问题向我求助。他就职于一家互联网公司，入职不久就参与到一个非常重要的项目中，为了有一个好的表现，获得好的绩效，他连续加班6个月，几乎没有周末。项目终于按期完成，他也得到了晋升。

当他因为前期太过消耗准备"躺平"一段时间时，领导因为很看好他，又给了他一个新的项目，这时他开始焦虑了。他告诉我说，其实以他的能力与经验是无法胜任这项工作的，上一个项目完全是靠自己主动延长工作时间硬扛下来才完成的，可这不应该是工作的常态。

这份工作让他没有了任何属于自己的时间，长此以往身体也会吃不消，这不是他想要的生活。现在他只要一想到工作就头疼，完全不想碰它，工作难以进行下去，即使简单的事情他也变得有些拖延。

无法胜任的工作，会给一个人带来极强的挫败感，为了不去体验这种糟糕的感觉，人们往往会采取回避的方式，也就是尽量拖延、推诿，不去承担责任，结果总是不断陷入内耗之中。

职业倦怠

梅奥诊所，这家总部位于美国明尼苏达州的医疗机构，也是世界上颇具规模与较高声誉的非营利性组织，对于职业倦怠是这样定义的：它是一种与工作相关的特殊压力，即身体或精神的衰竭状态，还包括成就感下降和个人身份的丧失。

小林想从工作了三年的单位裸辞，不过想到现在经济环境不太好，工作不太好找，就想找我聊聊，看看辞职是不是一个很好的选择。

因为受到外部大环境的影响，企业订单量下降，为了减员增效，小林现在一个人干着三个人的活，工作量增加了很多；以前很多工作内容不需要事事汇报，自己也有一定的决定权，现在工作涉及与内部、外部的沟通，非常烦琐，工作是否有好的结果很多方面都不由自己控制，而领导却要求她每天及时汇报工作进度，因为责任划分并不清晰，小林经常"背锅"被领导批评，这让她非常委屈，工作如此辛苦却又得不到肯定。

从小林的案例来看，她其实正遭遇着从工作不堪重负到职业倦怠的过程。通常导致职业倦怠的原因来自对工作缺乏控制权，工作量的增加，以及无法得到肯定与正向反馈，这样会导致职场动力缺乏，工作内容单调重复、缺乏创新，同时也无法感受到工作的意义与价值感。

职业倦怠，就好像我们拖着生病的躯体爬坡，过程非常辛苦，此时我们明显内在动力不足，也就很难推动工作并达成目标。

缺乏反馈

我们的大脑机制是非常需要反馈的，反馈可以帮助我们决定下一步需要发出什么样的指令或者做出什么样的反应。人们希望得到反馈，是因为可以获得确认感与满足感，确认自己所做的事情是否正确，确保可以达到设定的目标，或者获得某种认可，让自己感到有价值与成就感。

无论是正反馈还是负反馈，都会给予我们线索，指出行动的方向，否则我们就会处在一个迷茫区，或者一个更准确的说法叫"等待区"，你不知道是向前还是后退，就好像自己被卡在了那里。有时候我们会说，退一步海阔天空，可实际上在"等待区"，既无力往前，又无法退后，好像根本无法动弹。

实际上，我们是被自己的认知、经验或者局限困在了原地。"无回应之地即死亡之地"，似乎更加形象地呈现了这样一种状态，这种被困住了的感觉就像死亡一样。

曾经有个来访者跟我谈到她目前在工作中的窘况。入职一家新的单位，领导几乎从未给过她工作上的正面反馈。她提交的方案总是石沉大海，领导既不说行，也不说不行。在某次会议上，她发现公司启用了其他同事的方案，而在这个方案中隐约有她的创意，这让她非常愤怒。她觉得如果对她的方案有不满意的地方，完全可以提出来让她进一步修改、优化，而不是完全地否认。久而久之，她对工作有点自暴自弃，无力打破目前的僵局。可见，及时反馈对于一个人积极地推进工作是多么重要。

完美主义

追求完美当然不是一件坏事,只不过总是带着完美主义的倾向做事,往往导致根本无法开始的结果。

有个女性来访者小伍因为异常焦虑来求助。她会有很多的创意想法,也想做很多的事情,可总感觉时间不够用。明明时间不够用,却又控制不住不停地去刷短视频,而时间就这样一点点地浪费掉了,为此她自责又内疚。

后来在咨询中,我们分析她缺乏行动的很重要的原因就是"完美主义"倾向。每当她策划一件想做的事情时,她都会考虑很多很多。比如,她想要报一门外语课程,上网搜索资料就变成了一件大海捞针的事情。因为她想要寻找到最好的方式、机构、教师,再进一步与相关人员沟通,结果三个月过去了,她都没有筛选出一个可以执行的方案,学习外语的目标就始终无法推进下去。表面上看起来,她似乎一直在为此花费时间,显得非常忙碌,而实际上是"完美主义"倾向阻碍了她,让她根本无法开始行动。

如何提升推动力

做喜欢的事

可以问问自己,什么是自己真正喜欢甚至热爱的工作,如何才能过上美好的生活,如何才能实现自己的人生价值。回答这些问题,可以通过天赋、兴趣以及性格三个维度来定位,从而寻找到真正适合又能全情投入,从中获得幸福感的事情。因为幸福感与工作的满意度是紧密相连的,所以其本质是设计一种热爱的生活方式。

第三章 行动能力

好友小瑞在互联网大厂有着一份令人羡慕的高薪工作，可是30岁的她在生完孩子后却感到越来越力不从心。休完产假后，超负荷的工作压得她喘不过气来，而当她每天披着夜色、拖着疲惫的身体回到家看到熟睡的宝宝时，就止不住地落泪，内心充满了歉疚。她想要辞职，不想再过这样的生活。部门经理挽留她，暗示她或许有产后抑郁，建议她找单位的EAP心理咨询师聊聊。聊了几次下来，她似乎好了一些，可是几个月后她又重新陷入了情绪低落、每天不想上班的状态。

终于有一天，她跟丈夫商量，想要做个全职妈妈，把自己宝贵的时间留给孩子，没想到丈夫完全支持了她的决定。回归家庭之后，她发现跟孩子一起读绘本是一件非常快乐的事情。她开始去钻研绘本，学习如何通过绘本跟孩子互动，并且渐渐地影响到身边的妈妈们。

从最初的免费到后面的付费，就像当初她在互联网行业做产品一样，逐渐积累了一些好的口碑。一年以后，她萌发了创建一个绘本工作室的想法，开始了自主创业。在成为一名创业者之后，虽然她经常需要策划线上线下活动、做宣传、招募参与者、联系场地等，很多工作都是千头万绪，再加上还要带娃，但她却能做得得心应手。

为什么那么多的工作都能非常高效地推动下去呢？好友小瑞说这就是始于热爱。她从小就喜欢阅读，而活泼开朗的性格也让她很容易跟孩子们打成一片，结果误打误撞，让她找到了与自己的热爱、天赋以及性格相匹配的事业，做起来真的顺风顺水，虽然每天工作时间很长，却一点也不觉得疲惫。

提升自我效能感

心理学家艾伯特·班杜拉（Albert Bandura）认为，自我效能感就是个体对于自己能够完成特定任务或达到特定目标的信念和信心。当我们拥有了这样的信心，对于工作项目就会减少内耗以及畏难情绪，能更好地推进工作。

前面提到的职场新人小赵在工作中遇到了前所未有的挑战，他除了向自己的领导寻求支援之外，怎样才能提升他的胜任力，增强自我效能感呢？

通常我们提升自我效能感有下面四种渠道：

第一种是"范本"，也就是观察别人是怎么做的，模仿别人的方式，并且想象自己在从事这项工作时会遇到什么困难，如何调动资源去完成。当然这种方式只是在头脑层面演练，肯定没有实际参与体验的效果好。

第二种是"氛围"，也就是创造一种工作氛围，激发某种情绪上的兴奋，获得积极的情绪体验，如开放式的办公环境、即时的头脑风暴、融洽的团队关系等。

第三种是"鼓励"，也就是在工作中经常受到肯定与鼓励，允许试错，鼓励多尝试，这也会获得自我效能感。

第四种是"体验"，工作氛围以及鼓励均是来自外部，个体很难去控制，所以这类的效果并不能长久地维持下去。所以，最有效的提升自我效能感的方式是亲自完成的并且成功的体验。

小赵可以观察那些比较困难的项目别人是怎么做到的，可以从团体中获得怎样的支持与鼓励，如何提升自己的工作技能，以及总结之前项目上的经验与教训等。

在开展一项从未尝试的工作时，我们可以从最小可行产品（Minimum Valuable Product, MVP）开始，这样比较容易开始，也容易获得成功体验，并且从实践中获得经验，当然也包括失败的经验，通过不断积累经验提升我们的自我效能感。

寻找掌控感

我们每个人天然地需要秩序感，需要在既定的轨道上运行，保持着某种有规律的日常工作与生活状态。这样可以稳定地知道每天会发生什么，如何应对等。

不过，一旦这样的规律被打破，或者生活中发生了重大的变故，人们就会很容易失控，安全感会被焦虑所替代，处在一种极度无助的状态，此时就会丧失推动力。

来访者小玲从事的是房地产行业，受到外部大环境的影响，她被裁员了。而就在这个节骨眼上，她发现相恋两年的男友劈腿，她还没有想好该不该跟他摊牌。对于小玲来说，工作与恋爱都遭遇到重大的危机，让她备感沮丧，觉得自己真的很糟糕。她也知道男友是靠不住的，每月躺平在家肯定会坐吃山空，她需要尽快振作起来投简历找工作。可是，离职已经两个多月了，新的简历还没有准备好。

对于小玲来说，就是要重新找回对生活的掌控感，让自己重新回到原先有规律的生活状态。她从最微小、最容易的事情做起，比如，每天早上9点前出门跑步，而在跑步时她会思考自己下一步可以做些什么，如联系以前的同行或者朋友，看看有什么工作机会，想想当天的日程安排，如会见朋友、阅读心理或者励志的书籍、制作美食、参加沙龙活动等。半个月后，小玲在朋友的推荐下成功面试了一家公司，虽然薪酬还不是太满意，但她还是为自己可以重新回到工作岗位而感到欣喜。主动选择以及推进目标达成，让她对自己更有信心了。

按下暂停键

有时，目标无法达成，或者事件无法推进下去，其实是在提醒我们，需要停下来看看，再决定是否要继续往下走。停下来，也许是为了更好地开始。

阿芬是一位50岁的女性，女儿考上大学后，她突然觉得自己忙忙碌碌大半生，一直为这个家庭付出，为老公的原生家庭付出，为孩子付出，好像从来没有为自己着想过。她感觉自己正如英国诗人、教育家马修·阿诺德（Matthew Arnold）所提到的那样，徘徊在"两个世界之间，一个已经死亡，另一个无力重生"。她不愿再像过去那样活着，但又不知自己接下来的日子应该如何活着，她被卡在了那里。

阿芬实际上是陷入了中年危机，好像一直有个声音在提醒她，你不能再像过去那样生活了，先停下来看看，重新找回你的生命热情。

著名的荣格派心理学家詹姆斯·霍利斯（James Hollis）认为，中年危机实际上为我们打开了第二个成年期的大门，这正是阿芬对自己的叩问：我的过往所扮演的角色是什么？贤惠的妻子、孝顺的儿媳、包容的妈妈，除了这些之外，我究竟是谁？她认为那些过去扮演的角色不过是自己的"临时人格"。

正是因为暂停，让她有机会去触碰那个真实的、成熟的人格。比如，过去她是讨好的、付出的，对自己非常严苛和高道德标准的，现在她可以允许自己不再迁就别人，可以拒绝做不喜欢的事情，为自己多付出一些。

这个暂停，让阿芬重新思考自己的人生，将更多的热情投入自己想做的事情，如学习插花、听公益讲座，结交一些书友，她的内在世界变得更加充盈，那种无力感也逐渐消失了。

当一些事物干不下去或者无法推动下去时，我们可以允许自己停下来，重新做出选择，选择比努力更重要。

赋予意义与使命

每件事情都有其存在的意义。而意义感可以唤醒我们的责任感、方向感和生命的活力。你可能会问，为什么要去探寻意义与使命呢？赋予意义会给我们的内在推动力带来什么样的影响？

名校毕业的小林和小伍经过层层选拔进入了一家设计公司，在最初几个月，两个人除了参加单位组织的新员工培训以外，还要做些打杂的工作，如帮大家去订盒饭，帮忙复印、打印资料以及送资料等。对于这些琐碎的工作，他们两人的态度却截然不同。

小林认为这是跟大家建立关系的机会，他很快跟同事们熟络起来，有什么不懂的就问，同事们也乐于回答，小林的业务水平进步得很快。小林从小就对美的东西很感兴趣，他觉得自己的使命就是通过设计简而美的产品来创造美好的生活。他觉得进入这样一家顶尖的设计公司是很幸运的。

而小伍则对于这些杂事有颇多怨言，他觉得自己名校毕业，应聘的是设计师，凭什么要做这些"低人一等"的工作。自己不过是打一份工，这家公司也只是一个跳板，有机会他可能会跳槽到更好的公司。结果一年以后，小林升职成了设计小组的组长，而小伍却因绩效考核不合格被辞退。

意义与使命就像内部的发动机，会让我们不去计较短期的利益得失，而专注于推进目标达成上。

推动成事的法则

在前面部分我们主要从个体的视角来探讨，如何从一个人的内在去推动目标的达成，这是成事的基础。当我们内在有了动力之后，才有可能成为那个外部的推动者，去促使团队成员配合，推动组织系统的变革，从而达成团队或者组织的目标。

如何推动外部协作呢？

首先，尽量将个人、团队或者组织这三者的目标进行统一。例如，订立销售目标，假如个人与组织的目标不一致，组织订立的目标过高，个人无法完成，可能就会消极应对，因为员工会觉得无论怎么努力都无法达成目标。所以，这时就需要去谈判，基于市场的状况、过去的销售数据、人员的配备、可以挖掘的资源等多方面平衡，获得一个较为合理的销售目标。

其次，积极的做出榜样。无论是领导者还是普通员工，如果想成为推动者，都需要表现出积极的行为和态度，从而影响他人去行动。如果领导自己只负责把任务分配下去，而不给予支持，员工的积极性一定不高；如果是普通员工有意愿去推动进度，却又无法承担起自己的责任，总想仰赖别人，这些都会无形中成为推动进度的障碍。

再次，需要具备组织、合作以及协调能力。在无法由自己独立完成的工作中，就不得不与各方协调，相互配合来推进工作，这时沟通就显得尤为重要了。针对不同的对象，采取不同的沟通方式，并且能够换位思考，才能达到合作共赢的目的。

最后，把推动当作结果而不是过程。比如，当有需要领导做出决策的问题，而且问题比较棘手时，领导可能不会马上答复，我们通常的做法是隔段时间去催问，不过每次都得不到一个确定的回复，就会很着急。明明你也在努力地推动领导尽快做出决策，可结果却因错过了时机最后反而挨骂，那么问题出在哪里呢？

其实推动是需要将目的放在心中，不达目的不罢休。比如，在领导做出决策前，是否尽你所能提供更为充分的信息，是否与相关部门提前做了沟通等。将工作尽量做在前面，考虑得更周全一些，甚至超越领导的期待，从而减少领导的决策成本。

职场中那些真正能成事的人，都是具有超强推动力的人，他们既有自我驱动力，又具备很好的沟通能力以及向上、向下的管理力，有责任心，以结果为导向，从而能够高效地推动计划的落地与执行。

第四章 社交能力

共情力：设身处地去感受与理解他人，并给予恰当的回应

什么是共情？哈佛大学医学院教授，美国心理学家亚瑟·乔拉米卡利认为，共情是理解他人特有的经历，并且做出相应回应的能力。我觉得这还不够准确。共情的英文叫empathy，也有人把它翻译成"神入"，也就是说，我们能够准确地感受对方的情绪，并且能够做出恰当的反应，或者适合的反应。

共情包含两个步骤：第一是接收到对方的情绪、情感，第二是做出反应。我们很多时候缺乏共情力，要么是缺乏读懂别人情绪的能力，要么是读懂了别人的情绪，但是我们没有能力、没有办法去做出恰当的回应。而准确感受对方的情绪并且做到感同身受是极为困难的，这也是共情困难的根本所在。

在咨询中就有来访者曾经对我抱怨说："你根本没有共情到我，因为你无法理解我的痛苦。如果你的家庭幸福，你的父母没有离婚，你没有经历过家暴，你没有被忽略、无视，你就无法体验到

我那种孤独无助的感觉。"是的，来访者在某种程度上说得很有道理，所以，无论在咨询中，还是在生活中，我们都不要自以为是地认为自己能够真正理解另一个人，我们能做的只能是努力去理解，无限去接近他的内心。

共情的核心除了在情感上的共情，还包含了认知的部分。我们很多自动化的反应，往往只是对情绪的反应，没有经过认知部分，也就是理性思考，就很难做出恰当的回应。这也是认知行为疗法（cognitive behavioral therapy）起作用的部分，用理性去与不合理的信念做辩论，从而改变我们的行为或者情绪反应。

"神入"是自体心理学的一个核心概念，指的是我们感受他人内心体验的过程。弗洛伊德对"神入"非常重视，这是进入他人心理世界的重要过程。不过需要注意的是，那些我们自身未处理的情结，或者自身的投射很容易被错误地当作"神入"。

比如，今天穿了一件衣服，我自己穿着别扭，我认为男友看着不喜欢，他在挑剔我。这种猜测与感受，让我们以为理解或者了解了男友的审美，而这可能只是我们自己情绪的投射。

自体心理学的创始人海因茨·科胡特则认为"神入"是理智的工具、认识的手段。他把"神入"分成两个基本咨询单位，即理解与诠释，它包括分析、面质、动力性解释、对防御的诠释等。后来的心理咨询师在此基础上，将共情与认知相结合，发展出了一种新的治疗手段，叫共情CB。

如何做到"神入"呢？其中一个非常重要的途径是增加我们的外在与内在体验。比如，你看过很多的电影，你读过很多的书，你结过婚，有过孩子，你会从中获得很多人类共通的体验，以及个体独特的体验,这都会帮助你去理解一个人,这样"神入"才有可能性。

共情为什么如此重要

共情涵盖了我们生活中的方方面面。在职场中,假如你是一位领导,你是否考虑过跟员工共情,还是仅仅把他们当作一部工作的机器;假如你是一位老师,你是否能够共情到学生的感受,而不是把他们当作学习的机器;作为妻子,你能否感受到丈夫的疲惫,对丈夫少一些指责,而不是把丈夫当作提款机;作为父母,你是否能共情到孩子的挫败感,而不是把他当作满足自己需要的工具。毫不夸张地说,共情似乎可以解决我们生活当中的绝大多数的问题。

仔细观察,那些能游刃有余处理好人际关系的人都具备很高的情商,也都是共情的高手。

一个人的高情商可能会开启开挂的人生。有时候你不得不服,在企业中,那些高情商的人,更容易升职加薪,他们在处理亲密关系时,也会变得游刃有余。在比较困难的情境中,高情商的人更容易一一破解难题。

在人际互动中,高情商的人会有什么特点呢?

高情商的人善于捕捉别人的情绪和想法,也就是具备察言观色的能力。他会对另外一个人满怀着好奇心,用心聆听,去捕捉语言背后的内容,也就是非语言的部分。人们往往为了保护自己,总不敢卸下面具,隐藏自己真实的想法,而那些高情商的人,可以从非常细微的举动,感受到他人的不安全感、不信任感,或者一丝丝的悲伤。

有人会觉得，被洞悉感也是一种侵犯行为，而不具备高情商的人，喜欢去对别人进行直接的分析、面质，这会让对方感觉到自己就像被剥了衣服一样，非常不舒服。而看透却不说透，反而会更容易建立信任的关系。我们可以准确解读、感受他人的情绪，但是如何去给予恰当的回应，这就是考验我们共情能力的时候了。

高情商的人，能够驾驭自己的情绪波动，也就是能够做好自己的情绪管理。我们说到共情，就是痛着你的痛，悲伤着你的悲伤，喜悦着你的喜悦。我们可以去体验别人的情绪，但也要避免被别人的情绪所带走，因为别人的故事会勾起自己内在一些痛苦悲伤的创伤体验，或者自己不想面对的痛苦经历，导致情绪失控，这实际上是共情失败了。比如，朋友的母亲过世，让你也想到了自己家人的离世，你开始不停地倾诉你自己的悲伤，甚至泪流满面，这不仅无法去共情他人，反而让对方有种羞耻感，甚至感觉自己不应该太过悲伤，从而让对方的体验感更加糟糕。

高情商的人不仅对别人的情绪敏感，也对自己的感受非常清晰。他完全了解，自己有这些感受的原因，并且知道如何去处理这些感受，同时拥有较大的情绪弹性空间。

心理咨询师在跟来访者表达共情的时候，也会有情绪出现。当对自己的感受清晰时，我们就可以区分，这些情绪究竟是来访者带给我们的，也就是我们能够共情到来访者的那个部分，还是因为来访者勾起了我们内在那些没有被处理的情结，而这个部分则是心理咨询师不可回避的、自己需要处理的个人议题，也是心理咨询师自己的局限性所在。

在我参与的一次团体活动中,其中一位组员讲到自己如何被妈妈忽视,如何差一点儿被送走,边哭边说。带领团体的老师,听了以后竟然落泪了。在那一刻,我们所有的团体成员,都能感受到被共情了。老师说,那一段艰难的经历真的很不容易,不过你挺过来了。

高情商的人会让人感觉跟他们在一起时很放松,不会感觉到被控制。因为会共情的人能够清晰知道彼此之间的边界,知道他与对方之间的距离,并且拿捏得非常恰当。他知道在什么时候去做一些自我袒露,以拉近彼此的距离,但又知道什么时候适可而止,避免暴露得过多,而将所有的焦点和注意力都吸引到自己身上。

高情商的人也懂得如何去拒绝。高情商的人不会像圣母一样,始终是一个付出者。有些人会不断地付出,不断地去帮助别人,当然这中间他会获得自我价值感,但过度的付出也会让他身心疲惫。用委婉的方式去拒绝对方,不会让对方感觉到特别强烈的挫败感,而在拒绝别人时,他的内心也会变得坦然,没有愧疚感。当我们拒绝别人的时候,表达出自己的真诚,并且说出自己的真实想法,而不担心由此而破坏两人的关系,这样真诚的态度,会让对方感受到你在共情他。

共情究竟给我们带来了什么样的影响和体验

《高效能人士的七个习惯》这本书的作者史蒂芬·柯维(Stephen Covey)博士认为,当你对他人表现出共情时,他们的防范意识会下降,积极的能量会取而代之,这意味着你可以用更有创造力的方法解决问题。

　　研究发现，**当一个人产生共情时，他的情感大脑会变得平静，这个时候才能够精准贴切地感受到他人所处的境遇。**当另外一个人与我们产生共情时，情感大脑会产生一种自然的、缓解压力的化学物质。这种平静舒缓的化学物质，会给我们带来安全感和乐观的感觉，让我们感受到幸福，提高我们的复原力，并且对我们的健康带来良好的影响。在我们接受别人的共情时，大脑中的消极偏见也会得以释放。

　　共情会产生积极正向的神经化学物质，只有在一个相互信任的、安全的环境中才可能发生。如果一个人感觉被忽略或者被伤害，这些因素就会消失。

　　不知你是否还记得，生活中那些被伤害、痛不欲生的情景，是否还记得有人称赞你的情景。那些伤害，可能被我们的大脑储存在情感中，形成一种自我保护的屏障，防止我们未来面对类似的伤害，并对此保持着高度敏感。

　　比如，你的妈妈是一个非常挑剔的人，小时候无论你做得多么好，多么努力，都无法令她满意。那时的你多么希望从她身上得到肯定、认可和赞扬，但你感受到的永远都是妈妈的失望，这可能导致你对批评、指责非常敏感。长大后进入职场，假如有人在工作中指出你的错误，就有可能激活这些早期的创伤记忆，让你感觉到被冒犯，让你非常愤怒。

　　这就是早期共情失败的例子，它引发我们痛苦的记忆，导致了内在的消极模式，也就是，"我不够好，我不配"，这些消极因子引发了对自我的认知偏见。即使我们在工作中已经表现得非常优秀，但还是会觉得自己做得不够好，在工作中就会出现过度检查、拖延、完美主义倾向，或者对下属吹毛求疵等，让自己总是处在一种失控的焦虑中。

共情可以帮助我们准确地理解所处的环境和情感关系。比如，别人指出我们的错误时，我们会去反思，他是善意的还是恶意的；我究竟是真的做得不好，还是他在挑剔我，故意为难我。同时，我们会区分过去与现在，我们对这件事情有如此大的情绪反应，也许仅仅是触动了我们的情绪按钮，不自觉地把过去的情绪体验带到了当下，虽然这与刚刚发生的事件可能并没有太大的关联。

共情可以帮助我们处理解决各种各样的冲突，包括夫妻冲突、邻里冲突、职场冲突，它也可以扩大我们的感知能力，让我们能够真正理解遇到的每一个人，甚至组织。

随着生活节奏加快，我们越来越没有时间和空间去向内看，从而忽略了自己的感知，以及进行清晰的思考。你是否觉得有时候尝试去理解、了解一个人，都变成了一件极其奢侈的事情？如果无从了解和理解，我们又怎么才能够做出合适、恰当的反应呢？

反过来说，冲突，或者在与人的关系中的张力，让我们有机会去更深刻地感知自己与他人，也会提升我们的共情力。而当我们自己拥有共情力时，也就不那么容易被伤害了。

举个例子，假如一位妻子具有非常强的共情力，在面对晚归的丈夫时，她的内心也有很多的委屈、焦虑、担心和愤怒。但当她看到丈夫疲惫的样子，她没有去抱怨，而是递上了一杯热茶，坐在他的身边，默默地陪着他，理解丈夫，在外面挣钱、应酬打拼的不容易。

丈夫看到妻子这样对待自己，也许会因为自己的晚归而感到内疚。这么晚了，妻子仍然为他留着一盏温暖的灯，在家里等待着他。那么下次，当他还有应酬的时候，会不会想一想，我回家晚了，妻子还会等我，还没有休息，我是否可以拒绝这次应酬，或者提前离开。这就是一个良性的循环。

还是同样的情景，一个没有共情力的妻子，在等待晚归的丈夫时，可能会在丈夫推开家门的那一瞬间情绪爆发，将自己累积的愤怒毫无保留地抛了出来："你为什么这么晚才回来？干什么去了？你怎么老是这样？"此时丈夫即便是心存内疚，也会被这几句抱怨的话给消弭掉。

假如再遇到一个不会共情的丈夫，他立马对自己的行为进行辩解："我还不是为了这个家！整天忙成这样，你还抱怨！"这样，一场争吵就不可避免了。

假如这个丈夫是一个能够共情的人，他会理解妻子的担心，也知道妻子是一个很依赖他的人，需要丈夫多一点时间陪伴。那么，他回家的第一句话可能是："我又回来晚了，今天晚上，有一个比较重要的客户，必须我来亲自陪，否则这个订单就拿不到！老婆，你辛苦了！"

在这里，他首先为自己的晚归道歉，也就是为自己的行为负责，愿意承担责任。同时，他也有了一个合理的理由，为自己的晚归做出了解释。然后他共情到了妻子的感受，妻子的怒气可能就会打消很多。

假如这个丈夫还打包了一份糖水，说我当时觉得这家酒店的糖水不错，一直想着晚上回来可以带一份给你吃，你来尝尝，是不是好吃。我想这个妻子，可能会伴着糖水，感受到了来自丈夫的浓情蜜意吧。

共情是如何发生的

共情是每个人与生俱来的能力，也是老祖宗给我们留下的一份宝贵的遗产，它是人类进化的产物。

生物与生物之间，如果没有相互的联结，将无法存活，这是共情的深层生物学法则。很多动物都是群居的，如蜜蜂、蚂蚁，它们会用独特的语言进行沟通、交流和共情。低等生物都具有原始的共情能力，作为高等生物的人类在漫长的进化过程中，共情的能力也变得越来越高级。

人是需要关系的生物，而几乎所有的心理问题归根结底都是关系出现了问题。当我们感到不被关注、不被理解、不被关心、被拒之于团体之外时，我们就会感到非常的痛苦。比如，抑郁的人群，他们常常把自己封闭在自己的世界里，拒绝与外界进行交流，他们无法共情到别人，也感受不到别人对他的共情。**没有共情，人就会生病。**

共情是一种很神奇的力量。我的一位来访者养了一只非常漂亮、乖巧的小鹦鹉，小鹦鹉经常会站在主人的肩膀上。有时它还会用嘴梳理主人的头发。而主人则像妈妈一样，把小鹦鹉照顾得无微不至，被小鹦鹉需要，让她感受到了自己的价值。一天晚上小鹦鹉好像生病了，它在黑暗中似乎鸣叫了几声，但是它的主人睡得很沉，没有听见。

第二天早上醒来,她发现小鹦鹉睁着眼睛,可是身体已经僵硬。它看起来好像经历了痛苦的挣扎。小鹦鹉的死让她痛心不已,也令她非常自责,她不知道小鹦鹉在夜晚经历了什么,它也许曾经向主人求救,但是自己没有听见,她认为一定是因为自己的失职,才让小鹦鹉失去了生命。为此,她陷入了深深的抑郁。

我们很难理解,一个人怎么会对一只小鹦鹉产生如此深厚的感情。想象一下,当小鹦鹉在你的手上停留,好像会跟你对话,非常放心地把它自己交给你,对你如此信任时,这是不是人与小鹦鹉之间的共情?

当我的来访者讲到这个故事的时候,我也被她的故事深深地打动了。我跟她一起去讨论,关于小鹦鹉离去的哀伤,我让她跟我分享小鹦鹉跟她在一起的种种欢乐。她含着眼泪把小鹦鹉的照片以及视频分享给我看,让我有机会去感受她与小鹦鹉共处的快乐时光。

当我的来访者因为小鹦鹉的离去,一次次在咨询时流泪时,我知道,我真的能感受到那种巨大的丧失。我愿意去听她分享小鹦鹉的故事,我鼓励她,把想要告诉小鹦鹉的话都写下来,把她跟小鹦鹉的日常用日记记录下来。

逐渐地,她可以尝试重新去看看小鹦鹉的照片,甚至于在回看那些视频时,脸上露出微笑。她甚至跟我说,未来或许还可以再买一只小鹦鹉,不过她现在暂时还没有准备好。

我们看到,人与动物之间是可以共情的,而当我理解了她,我同时也共情了她的这种感受。

假如我们用惯常的思维,认为不就是死了一只鹦鹉吗,再去买一只不就得了。那我们可能就错失了这些珍贵的时刻,这些时刻让我感动，也给我带来了非常不一样的生命体验，这也是心理咨询师工作当中的意义。

另外，共情是有神经心理基础的。也就是说，我们可以通过后天的学习，去获得共情的能力，因为它存在于我们每个人的基因里。

共情的能力是直接连在大脑的神经回路中的，它存在于大脑中两个不同，但又相互关联的区域：杏仁核和新皮质。杏仁核主管的是情绪，新皮质主管的是理性思维。假如切断了这种共情的神经回路，也就是共情能力被剥夺之后，动物就没有了任何能建立亲密关系的希望。

当然，我们的共情能力会受到压力的影响。在压力状况下，比如，遭遇到了危险时，我们的共情域就会缩减，共情域就是我们能够共情的一个范围，或者是水平，会因为压力而缩减。

影响我们共情域的因素有很多，比如，睡眠状态、运动情况、营养水平，以及工作是否有意义、我们的情感是否顺利等。

假如前一天晚上没有休息好，第二天就会非常烦躁，容易被激怒。身体处于非常疲惫的状态，你就没有精力去跟别人共情，很难专注地观察对方的情绪表现，并且去做出恰当的回应。

所以，共情别人是需要自己有一个内在空间，可以容纳或者接得住别人的情绪。当我们自己都无法平衡好自己的情绪时，就难以拥有智慧去处理复杂的情感与关系。

有一位70岁的老人，查出癌症晚期，在家人眼里他是一个非常讲道理、很和善的人。但自从得病以后，他性情大变，非常不近人情，对守在病床前熬夜的子女各种抱怨、指责，甚至破口大骂，让伺候他的孩子苦不堪言，恨不得把他一个人丢在医院，不再理睬他。

这就是因为他的身体状况变糟，对于死亡可能有很多的焦虑，同时又被病痛折磨，其共情域也就下降了。此时他很难体谅到别人照顾他的辛苦、别人对他的用心，而只把注意力关注到了自己身体的疼痛上。

当我们把共情的大门关闭的时候，我们的意识就会变得狭窄，只会关注自己的痛苦，比较容易钻牛角尖，体会不到别人对我们的贡献，看不到自身所拥有的资源，同时也无法共情到别人的感受，这就会让关系陷入僵局。

如何运用共情进行疗愈

共情技术是心理咨询中的基本技术，也是核心技术。那些相遇的时刻，或者创伤被疗愈的时刻，往往是来访者感觉自己被深深共情到了。其实，在所有的关系中亦是如此。

有一位男性来访者，职场发展一直不太顺利，其间单位有两次提拔的机会，他都没有晋升成功。他的家庭非常贫穷，当初哥哥姐姐早早辍学外出打工供他读大学，他成了家里唯一走出来的大学生。

他从小是在父母的苛责下长大的。他总觉得自己还不够好，无论是对工作，还是对后来找的妻子，都有诸多不满。他对自己的现状非常不满，对妻子不理解自己、无法帮助他分担家庭的负担很不满，也对父母这种吸血鬼式的索取感到无力而愤怒。

咨询发展到后半段，他也会对心理咨询师有很多不满，不断抱怨心理咨询师并没有给他什么有价值的东西，心理咨询师没有帮助到他。

在这个过程中，心理咨询师显得有些不耐烦，甚至每次见他都不太情愿，越来越讨厌他，内心甚至冒出了想要早点结束咨询的念头。

在此期间，来访者讲述了他的一个梦。在梦中，他遇见了一位非常温暖的女性，她可以共情到他，让他特别想要打开话匣子。可是他还没来得及说，梦就醒了。

心理咨询师敏锐地捕捉到，这个梦中的女性也许就是心理咨询师。其实这个来访者，渴望向心理咨询师敞开心扉，他希望再多说一点。心理咨询师共情到了他这个梦中的渴望，并且引导来访者去表达。

这个梦成了咨访关系的转折点，也可以称为改变的瞬间。在这之后，这个来访者说道，平常他为自己买的衣服都是几十块钱的，有一次因为要出席一个比较正式的场合，他为自己买了一双300元的皮鞋，当时他犹豫了很久，最终还是咬牙买了下来。可是带回家后，他又有些后悔和内疚，他觉得自己不配拥有这么贵的东西，甚至想回去把鞋子退掉。

当他说出这个故事时，心理咨询师内心感到非常心疼。心理咨询师说："我有些心疼，你似乎不敢对自己太好，否则你就会非常内疚。"当他听到心理咨询师这样表达时，他流泪了。他多么希望在他的生活中，有一个人能够看见他的努力，看见他如此的辛苦，如此的不容易。他感觉到被心理咨询师共情到了，他允许自己在心理咨询师面前变得脆弱。

通过共情，心理咨询师理解了来访者，这一瞬间，让来访者的自我觉察突然间拓宽了，谈话也变得更加深入，从而帮助来访者看到了以前无法看到的东西。

我们特别渴望别人能够共情到自己，不过大多数时候我们都是独自一人，需要独处，所以具备对自我共情的能力就显得更为重要了。

那么，如何通过自我共情来进行自我抚慰、自我疗愈呢？我们可以通过积极的自我对话来实现自我共情。

在成长经历中，父母对我们的批评、指责、评价都会深深地印刻在我们的脑海中，那时候的我们可能会全盘接受父母给我们贴上的标签。比如，你是一个很笨的人，你是一个懒惰的人，你是一个不听话的小孩儿。社会也会给我们再贴上一些标签，比如，女孩儿就不适合学习数学，女人就是要被动接受，女人就是不如男人等。我们很容易把别人对自己的看法内化成自己的一部分，然而当我们带着这些标签向前走时，它们往往成了阻碍我们轻松前行的桎梏。

我们需要对这些已经内化的，甚至于融入我们血液中的这些观点质疑。如果早年经常被批评、挑剔，不允许出错，内在总萦绕着严厉指责的声音，我们可能就会害怕冒险尝试新事物，凡事要求完美。如果经常被鼓励和支持，我们的内在就会有一个通情达理的声音。在共情的环境中，我们会发展出淡定的内在声音，即使自己不够好，也仍然知道自己是值得被爱的。

我们可以通过以下三步，实现自我共情。

第一步，在日记里写下脑海里播放的熟悉的信息，就是那些导致了消极的自我对话的内容。

比如，我就是不行；我不会成功的；我做不到；我就是不配；我不够漂亮；我不够好；当我说话时，听起来很蠢；我站在讲台前，像个傻瓜。当冒出这些声音的时候，请立即按下暂停键。

这些内在的声音会阻碍我们，让我们变得怯懦、退缩、不自信。

在我带领的写作团体中，经常有团体成员会担心自己写不好，会被人评判。其中有位作者在小组分享时说，不知道为什么，自己现在写不出东西了。而过去，她很喜欢写日记，甚至还写过小说。

原来，在上中学时，有一天她突然发现，她的妈妈翻动了她的日记本。这让她感觉到自己被侵犯，她非常愤怒，但是不敢说。她含着眼泪默默地把日记本撕得粉碎。从此以后，她就再也不写东西了。在她的内在有一个声音，那就是"我的边界可能随时被侵入，我的空间可能随时被人打扰，我是不安全的"，所以，最安全的方法，是不要去表达，把它烂在肚子里。

其实这些声音，这些发生在我们身上的事件，都已经过去了，但它仍然影响着我们的现在。当有了这些念头时，我们要喊停。

第二步，用真相去替代这些话语。

在我们的生命中，也许不曾遇到过一个好的客体，给予我们支持、理解与欣赏：父母总是对我们进行批评指责，鄙夷地看着我们；学校老师也永远不会赞赏我，他们鼓励我的方式就是指出我的错误，挑出我的毛病等。我们很难从这些重要他人身上获得正向反馈。

不过，现在我们已经长大了，有权利去寻找那些值得信任的人，从他们那里获得积极反馈。也许在我们的生活中很难找到这样一个人，我们也可以尝试去寻找一位心理咨询师，他或许可以充当人生旅途中的一个好客体，帮助我们发现身上的闪光点与美好。

我的一位青少年来访者，从小就是在妈妈的严厉批评和管教下长大的。她所有的选择都是父母帮忙做出的，她喜爱的东西父母觉得是没用的、无价值的。她喜欢唱歌，喜欢追星，父母认为这些都是在浪费时间、不务正业。她感觉不被父母理解，为此经常跟父母发生冲突。她变得非常情绪化，有些抑郁。

在咨询过程中，我发现这个小女孩儿极具创作天赋。她喜欢音乐，会在旅行途中记录下那些美好的瞬间，把它写进自己创作的歌词中。她写得意境很美，语言流畅。当她谈到偶像时，她看到的是偶像身上的坚韧不拔，遇到困难愈挫愈勇，以及坚持梦想的精神。当她表达这些时，我是非常欣赏她的。

她感觉到自己被理解、被看到了。针对她跟父母之间发生的冲突，我在某些地方甚至支持了她，说她是有力量的，她能坚持自己的观点不被父母左右。所以**从值得信任的人那里获得正向反馈，并且重复地练习，对自己多次重塑，就有机会撕掉那些负面标签。**

第三步，在不确定的情况下，练习区分是环境因素还是个人因素。

很多时候我们会把我们的失败归咎于自己能力不足，自己不行，自己不够好。

假如我们站远一点，去看一看，会发现，其实有许多客观的因素阻碍了我们的成功。我们努力做可以做的，接纳那些我们做不到的部分，这是一种比较省力的方式，而不用再纠结那些做不到的方面，减少内耗。

做积极的自我对话，对自我的共情部分，我们可以问一问自己：我是如何看待自己消极的内在声音的？那些是真的吗？在我的生命中，谁对我的内在对话有着重大的影响，是父母、老师，还是某个领导？或者是爱人？这个人对我施加的影响是什么？我能感同身受地理解吗？我每天会采取什么样的步骤来使自己内在的声音变得积极？

共情具有两面性

共情如此重要，并且给我们带来很多积极的影响。但我们也需要警惕，共情可能被人恶意利用。

通过共情，我们能够看透人心，了解别人的想法，洞悉他人的恐惧，他人的信念、责任以及价值观。

心理学家苏珊·福沃德（Susan Forward），在《情感勒索》这本书中指出，有些人会为了一己之私，做出操控对方的感情和行为的事情，他们就是利用了人们的恐惧感、责任感和罪恶感，实施了情感上的操控。

有一对夫妻，丈夫经常酒后对妻子实施家暴，妻子不堪忍受向妇联求助。当妇联和社工介入这个家庭时，这个丈夫表现出一副愿意悔改的样子。但当社工刚走，丈夫就原形毕露，他对妻子进行恐吓和威胁，说假如你要跟我离婚，或者再把家丑曝出去，我会杀了你的父母。在这里，他共情到妻子是一个孝顺的女儿，她绝不会允许因为自己而让父母受到伤害，所以妻子在他的勒索下，只能忍气吞声，逆来顺受。

在生活中，利用共情去消费别人的例子很多。比如，有些退休老人，子女因为工作很忙，很难关心到父母。那些做保健用品的营销人员，就盯上了这些老人。他们共情到了老人的孤独，会非常热情地邀请老人去试用产品，嘘寒问暖，有时还会送点儿小礼物，把老人哄得很开心，结果老人就很容易被骗，购买那些价格昂贵但又没有太多作用的产品。

我的一位亲戚就曾经买过一张价值4万多元的床垫，他说这可以保证高质量的睡眠，对脊椎有好处，甚至可以延年益寿。营销人员一方面共情到了老人的孤独，渴望有人关心的心理需要。另外一方面，还知道老人对于死亡非常焦虑，所以用这样的噱头就能投其所好。

共情具有两面性。一方面，当你能够读懂对方的内心，并且善意地运用时，共情可以修补人与人之间长久存在的裂痕，促进相互的理解，改善人际关系。另一方面，利用共情对他人进行操纵，利用他人的恐惧感、责任感和负罪感去控制对方，以达到自己的某种目的，共情就变成了一种伤害。

沟通力：精准交换信息，解决分歧，化解冲突

在关系中，我们所做的每一件事，都是一种沟通。沉默是不是一种沟通？微笑是不是一种沟通？转身离开呢？这背后可能有着非常丰富的沟通内容。沉默背后也许是拒绝、犹豫、不知所措、隔离或者恐惧；微笑表达的是友好、客气或者想要进一步建立关系，当然也可能是一种伪装；转身离开也许表达的是中断、漠视、掩饰、愤怒等。

我们通常会关注另一个人说了什么，而实际上，重点不是他说了什么，而是他怎么说的。

人需要在关系中存在，而沟通是关系联结的基础。为什么人们需要沟通呢？

沟通与生理健康有着非常紧密的联系。在一份包含了近150项研究、超过30万人参与的综合分析中发现，那些有着良好的家庭与社会关系的人，其寿命比社会孤立者平均长3.7年，而不善与人沟通交往的人罹患各种疾病的风险更高。那些婚姻幸福的人，或者拥有

高品质关系的人,明显身体更健康。

当我们感到焦虑、沮丧、悲伤时,如果能有一个人坐下来与我们聊聊,这些糟糕的感觉,失眠、疼痛等通常都会得到一定的缓解。

沟通可以满足我们的认同需求。关系是一面镜子,我们通过沟通来认识自己、了解自己。我们出生从一个完全自闭的一元关系,慢慢发展到与母亲之间的二元关系,而关系的产生是因为有了沟通的互动。婴儿从母亲的眼睛里看见了自己,感受自己是令人喜欢的还是令人讨厌的。同时,婴儿给予母亲的回报可能是无意识的微笑,也可能是啼哭,微笑或者啼哭被母亲成功安抚,母亲就能从婴儿的反应中,获得自己是一个"好母亲"的认同感。

沟通还可以满足我们的社交需求。社交可以给我们带来归属感、联结感以及支持与鼓励,成为我们的关系资源,并带来财富与影响力。生活的圈子会受到强关系以及弱关系的影响,而有效的社交沟通会让我们获得源源不断的资源以及快乐。

沟通不仅可以满足我们被看见、被理解、被接纳、被认可的需要,还可以帮助我们达成目标,促使对方采取我们期待的行动。比如,你想要获得升职加薪,希望在项目推介会上获得投资,跟伴侣达成婚后金钱的管理与使用方式,说服孩子选择某个兴趣班等,这些都属于我们的工具性目标,也就是让他人按照我们期待的去表现。

当然,沟通并非万能解药,我们也会遇到沟通不畅的情况。不过,只要保留沟通渠道,保持着一种沟通姿态,暂时搁置分歧,或许可以随着时间与情境的变化,最终达到或接纳或妥协或完全放弃的结果。

那么，如何在沟通中达成目标呢？沟通之所以困难，是因为沟通不仅有自我维度，还包括内容（事实）维度、关系维度、诉求维度以及环境维度，只有精准把握了这五个维度（见图4-1），我们才可以进行有效的沟通。

自我	内容（事实）
关系	诉求

环境

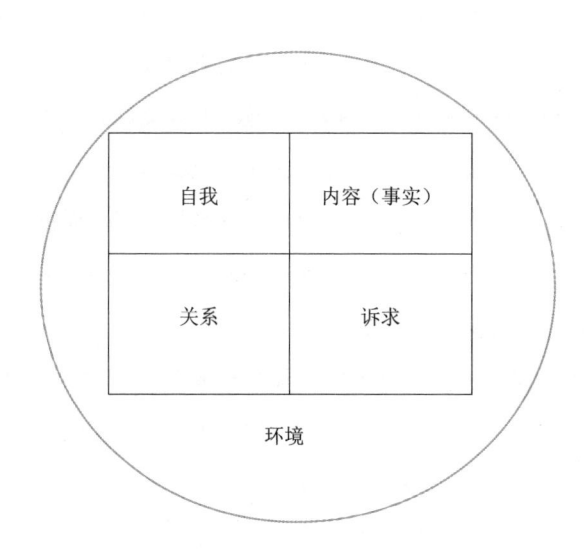

图4-1　沟通的五个维度

自我维度

自我是沟通的主体，在沟通前应先向内审视自己：我是一个什么样的人？当下的我处在一个什么样的状态？我的情绪是怎样的？我是否愿意展开这样的沟通？我对沟通有什么样的预期？

假如你想要跟领导提加薪的事情，在沟通前，先来做一个自我对话：我是一个性格非常内向的人，工作中从不愿意主动与人沟通，总是希望领导能发现自己的价值主动提出给自己涨薪。现在我发现周围的同事干的活比我少，工资却比我高，我感到很委屈，也觉得很不公平，我甚至想要离职。现在我决定要为自己争取利益。我已经做了打算，如果申请被拒绝，我就提出离职。不过，现在经济环境不太好，工作可能并不好找，所以我也有些犹豫。加薪的事情已经困扰了我两个月了，晚上还有些轻度失眠，再加上最近总是加班，每天都感觉很累，总是控制不住想发脾气。

如果想要进入一个良性的沟通状态，就需要在自我的部分进行调整。比如，预设沟通目标未达成最糟糕的结果是什么，自己是否可以接受。一个独立与情绪成熟的人，才能在沟通中保持理性，所以掌控情绪就变得尤为重要。发展情绪能力对沟通极为重要。我们可以在四个方向发展自己的情绪管理能力。

向内，即了解自己的情绪。因为内部的不公平，你会感到委屈、愤怒、悲伤、压抑，在工作中无法获得快乐，对同事也有嫉妒与敌对的情绪。同时，在面对权威时也有很多恐惧，你害怕自己会说错话，会紧张到大脑短路，会不知道怎么回应等。

向外，即流畅自如地表达自我，真诚沟通。比如，当遇到这些委屈、愤怒时，是否可以用平实的语言表达出来，这里就涉及一些自我暴露的部分。我们如果对领导说："我对这样的安排感到不公平，很委屈，尤其是得不到肯定与认可，有些失望……"这些话对于那些可以共情到员工的领导也许管用。当然，这部分的情绪也可以先与自己的伴侣、亲人、信任的朋友进行表达，纾解情绪，然后再努力避免带着强烈的愤怒、怨恨与恐惧等情绪与领导沟通。

向下，即识别、安抚和压制自己的情绪，做到克制与冷静，不被情绪所控制。当情绪上来时,需要用好暂停机制。观察到自己心跳加速,嗓子有些干,有些喘不过气来,这就是情绪爆发或者崩溃的前兆,这时应先暂时离开现场,转换一下环境,或者深呼吸,喝一口水,然后跟自己说"暂停"。

向上,即在情绪低落时可以尝试一些方法来提升你的心理能量,打起精神。我们在遇到困难时,本能地想要逃避退缩,或者感到被很多东西所阻碍,困在了原地。我们需要为自己赋能,如回想曾经的心流体验、某个温馨的画面、别人给的鼓励与肯定、自己曾经写下的自我肯定的语言等,这些都可以使自己重拾希望与信心。

内容(事实)维度

如何才能准确地表达,让别人接收并且理解你想说的内容?精准表达的核心是具备逻辑性、系统观、问题或者目标导向。

逻辑性

语言表达与文字表达一样,尤其是商务会谈或者工作特别需要有一定的逻辑性,否则就会增加沟通双方理解的难度,造成误解,让人有没说到点子上的感觉。表达的逻辑性通常遵从以下几个原则:

第一,结论先行原则。在现代社会中,每个人的时间都很宝贵,所以,在沟通中最忌讳转弯抹角,说话抓不住重点,让人听得云里雾里。

想在部门会议上申请增加人力资源,就可以这样表达:我觉得在本部门增加人力资源会提升工作效率,并且给公司创造更多的收益。主要基于以下三个原因:本部门因为人力不足造成上下游部门的工作进度被拖慢，导致公司的整体效率降低；本部门现有人员都是经验丰富的资深员工，过去的绩效考核都在A，而且过去半年的月平均加班总时数已经超过了60小时（国家规定每月最高不超过36小时）；本部门的业务量比上一年增加了30%，但人员不仅没有增加，离职空缺到目前为止仍未补足。

接下来可以针对上面的三个原因摆出事实来，针对拖慢进度的事情，在某个项目实施中不得不延期交付，而员工却连续加班三个星期，其中还有一名员工因为长期加班导致生病，因无法承受高强度的工作而离职等。最后再给出自己的结论，本部门增加人力已经是一个迫在眉睫的事情，希望公司批准增加2名员工，并且在一个月内到位。

第二，三部分结构原则，也称"云—雨—伞"原则。当天上出现了乌云，我们预测可能要下雨，带上雨伞出行比较好。"云"代表的是事实，"雨"代表的是分析，"伞"代表的是方法或者行动。

某个部门的人员总是迟到，你把这个信息报告给了领导。不过，领导可能更想知道，你真正想要表达的是什么。仅仅是以抱怨引起领导的注意，还是希望解决这个问题。

运用三部分结构原则，你会发现，上述表达缺少了分析与方法，或者建议的部分。员工迟到可能是因为对于规则的懈怠，也可能是产生了职业倦怠，或者管理不到位，部门主管也经常迟到起到了不好的示范作用等。接下来的建议，或许是针对员工迟到的数据进行分析，展开一对一的访谈与调查，了解真正的原因，然后提出严格执行的惩罚制度，或者进行相关的培训以及心理辅导等。

第三，数据事实原则。数据是世界的通用语言，用数据与事实说话，会让你的论断更有说服力。当然，我们需要注意数据的来源是否可靠，是否经过了严格的统计流程。事实的描述不要代入个人立场，以及情感色彩，事实最好来自较为权威的报道，或者经过多方验证过的素材。

第四，让对方听得懂原则。在表达时我们会想当然地认为别人跟我们的知识背景一致，在运用语言时就容易"掉书袋"或者陷入"知识诅咒"，也就是用了别人听不懂，但自己却以为别人能懂的语言。

在沟通之前如果能够了解沟通对象的语言生态，使用与之同频的语言，更能引起共鸣。就像我们在咨询中会尝试去重复来访者的语言，这样可以拉近彼此的距离。

有个来访者用"我对象"来称呼另一半，而我用"你爱人"来跟她对话，她就会感到很别扭。另外，在沟通的过程中，在表达完一个主题或者一条信息后，询问对方，"我这里说清楚了吗""还有什么地方不明白吗"，在这里是确定自己的表达是否准确，对方是否听懂了。

系统观

沟通是一个需要大量刻意训练的能力，而其中最重要的是思考的方式，也就是沟通的系统观。图4-1就是一个沟通的系统图谱。在沟通之前，要了解自己、他人、环境以及自己想要达成什么样的目的，这样才能组织沟通内容。

针对不同的场景、不同的对象、不同的沟通目标，所设计的沟通内容可能都会有很大的差异。比如，在咖啡馆里，可以用幽默轻松的语言。在会议室里，需要比较严肃认真。在家里，可以用动作，如亲吻、拥抱来代替语言。

沟通前，需要先进行一些假设性的思考，在内心进行预演，针对对方不同的反应如何进行回应。在沟通过程中，不断去检验假设，从中获得反馈，从而验证你的判断力。

所以，沟通是一个系统性的设计。在每次重要的沟通前，可能都需要制订大致的计划：主要想谈话的内容，自己在谈话跑题时可以主动把话题拉回到谈论的主题上；可能涉及的其他议题，列出一个提纲；谈话的流程，如计划30分钟的沟通，前面5分钟做什么，后面5分钟做什么，这样可以防止漫无边际地交谈而浪费了彼此的时间，同时也可以把控谈话的节奏。

问题或者目标导向

任何沟通其实都是有目的的，即使是约朋友闲聊，也有促进情感的目的。

美国心理学家、选择理论和现实疗法的创始人威廉·格拉瑟（William Glasser）在《选择理论》这本书中提到一个核心的观点，那就是"你无法控制他人，只能选择改变自己"。所以，如果沟通目标是用自身价值观影响与改变他人的行为方式，这是一种外部控制，通常比较难以实现。

如果你的理念是"你能给予他人的只有信息，能控制的只有自身的行为"，那么沟通目标往往更容易实现，也就是你提供了新的信息，或者用你的行动去影响对方。这个理论可以首先让我们知道，在建设性的沟通中，心中要有目标，但又同时不抱有一定要说服对方、改变对方的预期。

可以尝试列出在每次沟通前想要达成什么样的目的。如果是想要增进感情，那么在遇到问题时就会问自己：如果我现在这样说，会让我们更亲密还是更疏远；如果是想要说服对方，当然这个比较困难，但至少得把你的观点表达完整与清晰，让对方能听懂，可以接收得到；如果是想要获得某种满足，你也要评估自己真正需要的是什么，是真的需要在情人节这天得到一份礼物，还是希望他用这样的方式来表达爱你、在意你的需要，你的预期是否超过了他的能力范围。带着问题与目标，就能在沟通之后获得想要的结果。

关系维度

有位女性朋友曾经跟我抱怨，自己在一个相亲活动中遇到了一个男生，两人互加微信后，对方就经常用"咱俩""我们"这样的称谓，让她很不舒服。她说我们才刚刚认识，根本不熟，他这样套磁，反而让人很反感。

这里就涉及两人的关系距离。两人在确定恋爱关系后，用"咱们"这样的表述就可以拉近彼此的距离，但在男女甚至还没有到暧昧的阶段，这就会让人感到自己的边界被侵犯，反而会让对方因为厌恶而推开这个关系。

关系总是发展与变化的。马克·纳普（Mark Knapp）把关系中的起落分为三个方面，共十个阶段，它包括聚合期（初始阶段、试验阶段、强化阶段）、维持期（整合阶段、结合阶段、分化阶段、各自阶段）以及离散期（停滞阶段、逃避阶段、结束阶段）。对于亲密关系或者长期的合作伙伴关系，我们总能在这十个阶段中找到关系所处的位置。在强化阶段也就像"蜜月期"，这时候说什么都好像很顺耳，但在停滞阶段或者逃避阶段，展开对话就非常困难，可能以前表达关心的"爱的语言"都变得苍白而无力。

美国领导力开发领域的专家、国际人力资源顾问莫拉格·巴雷特（Morag Barrett）用一张人际关系图谱，清晰呈现了人际关系生态系统，也就是我们的身边总有这四类人：同盟者、支持者、竞争者与敌对者。了解我们与对方的关系模式，会决定我们用什么样的方式去进行沟通。

举个例子，有一件你经手的事情出了问题，领导可能会在了解情况后批评你，同盟者会阐述这件事情可能还有其他客观因素，造成了这样的后果；支持者会保持观望的态度，在不给自己造成负面影响的情况下可能会支持你，也可能不会；对于竞争者来说，这是一个绝好的机会可以"踩"你一下，将责任全部归咎到你身上，甚至会给你贴上不负责任、不能胜任的标签；敌对者也许本来就是向领导打小报告的人，你本可以在团队内部处理消化这些负面影响，但敌对者偏不想"大事化小"，弄到大家都知道你犯了错，令你难堪。

对于同盟者，我们与之有着充分的信任，在沟通时完全可以坦诚直接地表达，多一些自我暴露；对于支持者，我们很多时候只能就事论事，或者只谈论好消息、不触及利益的内容，谈论比较有冲突的问题时需要小心谨慎；对于竞争者，会容易采用不健康的表达方式，如讽刺挖苦或者消极的攻击性语言，同时争论的重点在于对错，沟通双方都会带着防备心，达成一致或者妥协就会变得困难重重，并且稍不小心可能会让关系恶化成敌对关系；对于敌对者，双方关系非常紧张，就像火药桶随时可能被点燃，因为彼此带有敌意,展开对话变得异常艰难。

诉求维度

在设定沟通目标时,我们需要了解自己真正的诉求是什么,尤其是在亲密关系中,需要去探索自己渴望的是什么,而当这些愿望或期待没有得到满足时,就会引发争吵。比如,对方在约会时总是迟到,表面的诉求是要求他准时,但核心的诉求其实是你渴望在关系中被尊重、被重视,而不是迟到本身。假如他迟到了,可以表现出自己很努力想要准时的态度,愿意为此而承担责任,诚恳地道歉,并且采取进一步的补偿行动,你就不会那么恼怒了。

探索每个人在关系中的内在渴望,无非是被重视、被倾听、被珍视、被爱、被关怀、感到自己很重要、感到自己有价值这些心理需要,这些渴望在商业与职场关系中同样适用。比如,在商务谈判中,虽然未能达成一致,但在过程中彼此感到被重视、自己有价值,关系也会通过沟通变得更融洽。

诉求维度会包含以下四种:我的个人诉求,我代表的组织诉求,对方的个人诉求,对方代表的组织诉求。这四种诉求相互交织,个人诉求与组织诉求未必总是一致,这都会给沟通造成很多的障碍。这也是在台面上好像满足了对方的需要,但隐含着的个人需要可能未被满足,在执行过程中就会发现很难顺利推进工作。

环境维度

环境或者情境往往决定了沟通的方式,沟通的语言以及态度都会非常不同,比如,是线上沟通还是线下沟通,是在封闭的环境中还是在公开的环境中，是一对一沟通还是一对多沟通，是单向沟通还是双方互动沟通，是对公众的沟通还是对某个用户的沟通，都应该采用不同的沟通方式。

如果沟通不分场合，不观察情境，可能会产生不良的沟通效果。有些员工会观察领导的状态，如果领导心情不错，就是可以去谈论困难问题的时机；如果心情不好，就暂且放一放。在商务谈判中，一般先让级别比较低的人去谈，在关键点上如果仍然不能达成一致时，就可以邀请更高级别的人参与谈判，双方领导各自做出让步，这时更容易促成合作。

另外，在非常艰难的谈判中，有时也会转换场地，也称"阳台法"，从会议室转到户外，或者餐桌上继续讨论，让谈判不要中断，继续保持着双方的沟通。

亲密关系中的沟通环境也同样重要。假如伴侣双方都处在压力状态下，彼此都无法容忍对方的情绪，这就不是一个很好的沟通时机。对于分歧比较大的问题，通常要放在双方心情都比较好、比较轻松愉快的时候讨论，此时双方会有更开放的态度，也就更容易接纳不同的意见。

让沟通更有效的方法

从以上五个维度，可以看到这些不同方面对于沟通效果的影响。在这五个维度的基础上，还有什么样的方法促进关系，达成沟通目标呢？最核心的是倾听的技术，其次是风靡全球的非暴力沟通的技术、解决冲突的技术，以及语言的艺术。

倾听的技术

我们可能会认为倾听谁不会,竖着耳朵去听不就好了?实际上我们对倾听会有很多的误区,比如,在别人说话的时候打断对方,或者对方在说话的时候,并没有认真地去听,我们内心是在准备着如何去反驳他,或者在倾听过程中我们专注的是如何去说明自己的观点。

另外,我们很容易带着倾向性去倾听,在听完整个故事之前,就已经做好了决定。同时,内心的声音也会分散自己的注意力,对自己或他人进行评判与推测。

如何做到共情式倾听呢?

首先,停止以自我为中心看世界,这样才能够全然地投入另一个人的体验中。

在沟通的过程中,不仅要听对方说了些什么,还要注意他的肢体语言、他的眼神、他的表情、他的手是怎么放的;他的脚是怎么摆的;他身体有什么反应;他说话的时候声音是洪亮的,还是低沉的;他说话的节奏是快的还是慢的;他在说话的过程当中是否有沉默。基于观察到的这些,我们对他进行回应。

其次,有意识地放下倾向性,也就是保持中立。共情性的倾听需要与对方的情绪产生连接,但又要避免被对方的情绪带走。也就是可以跟这个人靠近,但又保持着一种悬浮注意的方式,这样既可以觉察到自己的情绪,也可以觉察到对方的情绪,做到进退自如。

最后,探索如何与不确定性共存。允许自己没有能力给所有的问题找到答案,或者解决方法,允许沟通有时确实无法达成一致,允许对方不以自己期待的或者预设的方式做出回应。

非暴力沟通的技术

非暴力沟通是从圣雄甘地所提倡的"非暴力不合作"而来，作为这种沟通方式的创造者马歇尔·卢森堡（Marshall B. Rosenberg）博士，早年师从人本主义心理学大师卡尔·兰森·罗杰斯（Carl Ranson Rogers），发展出了极具影响力的非暴力沟通的原则和方法，不仅运用于生活的方方面面，还被用来解决棘手的世界争端。为表彰他对世界和平所做的贡献，2006年，马歇尔·卢森堡博士获得了由地球村基金会颁发的和平之桥奖。直至今日，他仍然向全世界人民传递着他的非暴力沟通的理念，让更多的人从中受益。

非暴力沟通包含了以下四个要素：

第一，留意当下发生的事情，不带评判地、清楚地表达所观察到的事物。

第二，真实地表达我们此时此刻对于这种行为的感受。

第三，这样的感受是因为当下我什么样的需要未满足。

第四，给出明确具体的请求，让他的行动来满足我们的需要。

在亲密关系中，如何使用非暴力沟通来促进关系的发展？

丈夫最近一段时间经常很晚回家，虽然妻子知道丈夫因为生意上有很多的应酬，似乎有很多不得已的苦衷，但又感觉长此以往下去，丈夫在这个家庭中会越来越缺位，妻子内心的怨气会越来越大。

首先，从前面提到的自我、内容（事实）、关系、诉求、环境五个维度去考虑，在双方情绪比较稳定、心情愉悦的情况下，两人出去散步的情境下，展开对话。妻子核心的诉求是希望丈夫多关心自己和孩子，抽时间给家人高质量的陪伴，增进与家人的情感。

妻子就可以这样表达:"今天很难得你回家吃饭,我和孩子都很高兴。我注意到最近你经常在外面应酬,已经连续一个月每周有四五天很晚到家了(观察),我感到有些担心,害怕你的身体吃不消,也有些难过,很晚都等不到你回家(感受)。我其实很想你多抽点时间来陪陪我和孩子,好像孩子跟你都有些生疏了(需要),我希望你每周一到周五至少有一天可以回家来吃饭,周末至少有一天可以一家人参与一些活动,如吃饭、陪孩子去游乐场或者去商场购物(请求)。"

这样一个完整的沟通表达,可以让对方看见一个被自己忽略的事实,体会你的感受,了解你的需要,并且接收到非常具体的请求,那么,对方就会去思考自己是否可以做到,也明白如何做才能满足你的需要。

解决冲突的技术

冲突的产生往往是因为想法不一致,而冲突通常会产生双输(逃避)、双赢(合作)、一输一赢(竞争)、部分双输(妥协)的结果。因为害怕冲突,我们往往会采取回避的方式,这会导致双方不沟通,而让关系变得更加疏远。而有人喜欢用争吵的方式来解决问题,因为谈话式的沟通往往不起作用。

冲突不可怕,如何利用冲突来进行建设性的沟通,达到沟通的目的才更为重要。

美国西雅图大学心理学教授、专注于人际关系以及婚姻研究40年的约翰·戈特曼(John Gottman)教授认为,一次破坏性的互动可能需要5倍的建设性的互动来弥补,即便很多人认为争吵会破坏关系，但实际上我们也可以把它变为建设性的。

如何进行建设性的沟通呢？

首先，预设对方是善意的。如果我们一开始就把对方当作"敌人"，把自己放在一个受害者的位置，这场对话的开端就朝着负面的、破坏性的方向发展了。在沟通过程中，也要释放善意，比如，表现出你很易于接近，对对方总是积极地回应，愿意投入时间、精力和情感与其进行沟通等，这些都是沟通的积极方面，尽量少用敷衍或者虚假的态度进行消极的互动。

其次，保持好奇心。当我们打开了好奇心的那扇窗，就会少带评判，更容易把自己放在一个中立客观的位置。你可以回顾在之前的争吵中，你的好奇心是怎么失去的。同时也可以问问自己，为什么这个人觉得自己说得有道理，他的逻辑是什么，这个人真正想要的是什么，如果要促成建设性的对话我需要做出哪些调整。一场对话下来，产生对称性升级的结果绝不是对方一个人创造的。

最后，可以试试"枕头法"来理解对方，看见彼此的差异，不试图让对方与自己保持一致。"枕头法"是作家保罗·雷斯提出的高效沟通法则，寓意是用松软的枕头来应对激烈的冲突，枕头有四个边，代表了沟通中的四种需要递进的观点和立场，枕头的中心是第五种立场，是对前面四种立场的统一升华。第一种立场是你错我对，第二种立场是我错你对，第三种立场是双方都对，第四种立场是双方都错，第五种立场是这个话题不重要。当每一种立场我们都进行审慎的思考之后，那种非黑即白的观念可能会被替代，最后我们会发现，这五种立场其实都有一定的道理。然后，经过这一场争论，扩展了自己的知识与经验，使自己在冲突中始终保持理性。

语言的艺术

马歇尔·卢森堡博士说，也许我们并不认为自己的谈话方式是"暴力"的，但我们的语言确实常常会引发自己和他人的痛苦。

有时候对话无法进行下去，是因为我们没有同频。你是否发现，当你使用方言时，就会激发有这个地域情结的人的兴趣，成语、俚语、流行词汇、网络词汇等，可能都会触及某个群体的一些感受。如果我们想要建立连接，使用对方熟悉的语言，对方听得懂的语言，真诚的语言，才能走进对方的内心。

另外，如何避免做话题的终结者呢？有个朋友在谈话中特别喜欢用反问句，如：你觉得这样有意思吗？你认为这是对我好吗？你不觉得这样一点用都没有吗？这种提问方式会把人逼入死角，就像被水呛住了的感觉，很难让人做出回应。还有人喜欢把自己放在居高临下的位置，总是用一种看不惯的语气指责、批评、评判对方，如你总是这么懒惰，你就是一个自恋的人，你从来不理解我等。聪明的人是看破而不说破，这种直接指出对方问题的说话方式，难免令人难堪与尴尬。

沟通是一个非常复杂的系统，需要我们观照自己的内心，同时尊重对方，了解关系状态，有逻辑性地组织自己的语言，表达自己的观点，清晰表达自己的诉求，同时关注所处的环境，力求做到自我、他人与环境的一致性表达。在这个过程中，我们需要遵循以下四大原则：

性别原则。美国著名的社会语言学家黛博拉·泰南（Deborah Tannen）分析了两性沟通失败的重要原因，她发现男性与女性在沟通方式上本质是不同的，女性使用的是建立联系的语言，更注重亲密性；而男性使用的是确立地位的语言，更追求独立性。所以在沟通中，女性可能需要有意识地学会男性思维，男性则需要尝试用女性思维去理解对方，这就会减少由性别带来的对立与冲突。

场景原则。在不同的场景，我们的角色与定位可能不同，我们的心理状态也会有差异。在某些场合，有些话不能说，有些话不应该说，而有些话不方便说。所以，分场合、看情况，也就是要求沟通更具灵活性与艺术性。

利益原则。沟通中产生分歧是因为期待未被满足。那么别人为什么要听我的？我要问问自己，如果听了我的，能为对方带来什么好处；我听了对方的，能给我带来什么好处；如果对方让步，他会牺牲什么；如果我让步，我会失去什么。我们的目标不是你输我赢，或是各方利益的平衡，而是努力做到双赢。

尊重原则。在沟通前对五个维度了解越多，就越知道对方在意的是什么，对什么敏感，在沟通中才不会让对方感到被冒犯。无论是倾听的态度、非暴力沟通，还是冲突的解决，其基础都是尊重，要尊重别人的边界，尊重他人的文化与习惯，用真诚打动人心。

连接力：创建跨行业、跨领域、跨专业的关系网络

比尔·盖茨曾经说过，有时决定你一生命运的是你结交了什么样的朋友。在当下，我们已经进入了一个弱连接的时代。相较于弱连接，强连接指的是与我们互动频率较高的人，如单位同事、朋友、亲戚等，而弱连接往往指的是我们在互联网上结交的人。

随着互联网的发展，你会发现每天与陌生人打交道的时间远远超过了最熟悉、最亲密的人，而往往是这些弱连接与自己的工作与事业关联性更高。

连接力也称交往力，它可以帮助我们获得各种资源，创造更多的财富，以及为达成人生目标创造更大的可能性。

关于人与人之间如何产生奇妙的连接，有个很著名的"六度空间理论"，它是一个数学和社会学的猜想。该理论认为世界上任何两个陌生人之间建立联系，最多不会超过6个人，也就是说，最多通过6个中间人就可以与你想要结识的人建立联系。

随着社交媒体的普及，这种猜想越来越接近现实。根据META的统计，平均只需要4.5人就可以连接自己想要认识的人，这大大地提升了连接的效率。现在，很多的社交平台都会尝试将与我们可能有关联的人物推送给我们，造就了一个连接的网络世界，似乎我们与人建立关联变得更加便捷了。

人与人之间的关系看起来是随机的，但却又好像冥冥之中主宰着一个人的命运。因为遇到一个人，好像命运的齿轮便开始转动。

为什么人际关系如此重要呢？实际上，一个人的成功，往往是努力加上运气，而运气很大程度上取决于人际关系。例如，一个好的工作机会可能是你的同行推荐的；你结识了某个领域的资深人士，他的洞见让你看见了机会，让你正好踩中了风口；在经营困难时朋友入股了你的公司，让你的事业起死回生等。

这里的人际关系，实际上指的是社交能力，尤其是向上社交的能力。结交到那些比你更厉害的人，你能更快地成长，打开视野，抢占市场先机。与人连接的能力越强，就越可能成为弱连接与强连接的枢纽，成就自己，也成就他人。

人际关系金字塔

人际关系的积累是建立在高质量朋友圈基础之上的。人际关系金字塔的理论是由美国学者威利·伍德（Willie Wood）与杰拉尔德·厄卡夫（Jerald Ehrlich）提出来的，他们认为人际关系可以分为五个层级，从塔基到塔顶依次是陌生人、熟人、朋友、亲密伙伴、灵魂伴侣。如果想要把塔基陌生的关系发展到金字塔顶端非常珍贵、信任、亲密的关系，可能需要经历下面几个层级的进化。第一级让不知道你的人知道你，第二级让人喜欢上你，第三级让喜欢你的人对你友好，第四级让友好的人尊重你，第五级让尊重你的人在意你们的关系。在这个进程中，我们会逐渐淘汰掉那些消耗的、破坏性的关系。

那么，良性的人际关系是如何进化与演变的呢？

让不知道你的人知道你

无论在线下还是线上，我们每天都在与人进行着互动，在车站、图书馆、旅游景点、餐馆、线下交流会上我们都可能会结识陌生人，我的一位朋友就是在图书馆里看书时认识了她现在的老公。

在线上结交人的成本更低，你可以在社交媒体上发私信，或者直接扫描一个二维码就可以与对方成为所谓的"好友"。通过主动介绍自己，以及积极分享，更多的曝光可以让更多不知道你的人知道你。

在自媒体时代，还可以通过文字、图片、视频或者直播来展现自己的生活，引发读者、观者情绪、情感上的共鸣，从而建立连接。这个维度的连接重在自我的传播力，以及内在想要连接的愿望与主动性、行动力上。

让人喜欢上你

耶鲁大学有一门非常受欢迎的"人气心理学"公开课，由担任北卡罗来纳大学教堂山分校教授以及临床心理系主任的米奇·普林斯汀（Mitch Prinstein）主讲，他在"欢迎度"与关系领域进行了将近20年的研究，发现让别人喜欢你，或者说一个人的受欢迎程度，会影响到未来的幸福程度、更高的学术成就、更牢靠的人际关系以及赚更多的钱，可以借由其影响我们的社会认知、情绪和压力的应对方式,改变我们的大脑神经网络,甚至我们的DNA。

如何成为一个受欢迎的人呢?首先是给人留下一个好印象。我们知道给人的第一印象容易产生首因效应以及刻板印象,这包括你的衣着打扮、谈吐、行为习惯、友善与真诚的态度、不以自我为中心、有礼貌,以及你是否有边界感等。有位女性朋友与一位男士第一次见面时,对方从头至尾都是滔滔不绝,其间还故意触碰她的身体,这让她感觉对方没有边界感,完全以自我为中心,第一印象就很糟糕,因此她拒绝了对方的再次邀约。

让喜欢你的人对你友好

我们需要激发对方对你的兴趣与好奇,去寻找彼此共同的兴趣爱好,以及其他关联的共同点:是老乡还是校友,曾经工作过的共同行业或者领域,相同的价值观,喜欢的书籍或者认识的人,等等。

另外,心理学家发现熟悉与喜欢之间有着正相关的关系,这也称"多看效应",也就是人们见面的次数越多,相互喜欢的程度就越高。当然,这是建立在不讨厌的前提下的。在恋爱过程中,假如增加约会的频次,往往会让对方产生更多的好感,也更容易推进关系。

让友好的人尊重你

能让别人愿意留在你的身边,继续保持着连接,是因为你身上具备某种令人尊重的特质,这些特质可以给他人带来价值。因为人际关系的基础实际上是价值交换,无论是物质还是情绪价值。这些特质包括知识积累、建议指导、资源优势,或者助人情结及人格魅力等。

让自己的独特气质吸引他人，最核心的是自己处在一个什么位置，有什么样的价值，自己具有独立性，是一个自信又具有亲和力的人。

让尊重你的人在意你们的关系

关系是需要维护的，而且是在一个互惠互利的基础之上。如果没有利益的来往，纯粹用感情来维系，关系其实是非常脆弱的。为什么会说患难见真情？就是在他人需要的时候提供了物质或者精神上的支持，让关系变得更加牢固。因为有了更深层的连接，失去关系会带来巨大的损失或者精神上的痛苦，才会让人更加在意这段关系。

我有个校友在人到中年时事业遭遇了重创，不仅赔上了全副身家，还倒欠了上百万元的外债，他一度想要自杀。当他的发小听说他有这个念头之后，陪伴了他一个星期，天天开导他，终于让他放弃了自杀的念头，重新调整心态去面对困难。他在很多年后感慨地说，多亏了这个从小玩到大的朋友，让自己可以重新站起来，人生其实根本没有什么绝境。

弱连接的力量

毫不夸张地说，假如你具备连接力，你生活中80%以上的问题都可以通过弱连接所带来的资源得到解决。例如，有个朋友想要租房，她发了一条朋友圈，结果一天之内就找到了令自己满意的房子；有位朋友生病需要住院，在校友群里询问了一下，就有热心的校友帮忙联系，对接到了医院；有位读书博主想要办一场线下活动，在朋友圈里发布了自己的场地需求，一小时就获得了5条有价值的信息，在实地考察后很快就确定了下来。

弱连接运行的关键是什么呢？首先，随机才是最有效的；其次，是切换连接枢纽，枢纽就像交通网络中的结点，如不同的城市、不同的校友圈、不同的行业圈等，都可以成为其中的枢纽；最后，连接由点到线，再到面，以此来构建人际关系网络。

漏斗型的入口

我们与陌生人相识有很大的随机性与偶然性，互联网让我们有机会结识到不同行业、不同地方的人，为了满足用户的需要，微信好友的数量扩容到了一个号码可以加5 000个好友，但是我们每个人的精力却非常有限。英国人类学家罗宾·邓巴（Robin Dunbar）推算出人类的社交人数上限约为150人，也就是我们实际上可以有效交往的人数并不多。这就涉及我们后面会讨论的话题，如何将这些弱连接的人转化成强连接的人。

如何吸引到更多的人，或者让这个漏斗足够大，以保证有更多的选择权呢？

首先，是对人保持着好奇。每个人都是很特别的存在，都有着不一样生动的故事，这些故事会让人产生共鸣。《一年顶十年》的作者剽悍一只猫的事业就是从采访牛人的故事开始的。处在人生低谷的他开始寻路，他定了两个方向，一是自媒体写作，二是采访厉害的人。当他完成100个人的采访时，他的自媒体的传播效应已经很有影响力，而通过与牛人的交流，让他个人也加速成长。互联网让他成为今天的社群商业战略顾问，百万粉丝号博主，用商业模式影响更多的人成长。

其次，对新认识的人、新接触的领域保持开放的态度。随着时代的发展，我们更需要的是T型人才，也就是知识面的广度与深度兼顾，有跨界的能力的人才，才有机会创造更多的可能性。我曾经报名参加在武汉举办的一个长程心理培训，当时就主动邀请了同在深圳的一位女性同行，我帮她预订了高铁票，在培训期间我们还同住一个酒店房间，这让我们的关系一下子近了好多。她刚好在筹备一个社会公益性的组织，她邀请我成为她的讲师团成员，让我有机会成为社区以及学校的心理讲师，从此开启了我的心理讲师事业。直到今天我仍然对她心存感激，是她给了我很多锻炼的机会，提升了我的演讲能力。

通过陌生人连接，让我连接到了很多的资源，如在网上一个读书群里，当时的深圳读书会的理事加了我，主动邀请我去深圳书城做一期分享，这促成了我在后来的很多年与深圳读书会的深度合作；通过一个心理学的学习群，我的策划编辑加了我，一次不经意的聊天，居然碰撞出了新书的选题，让《我们内在的防御：日常心理伤害的应对方法》这本书得以出版；我参与的一个马拉松跑步群里，跑友给我推荐了来访者……阅读、写作、跑步、心理学这些不同的领域，让我有机会去满足别人的需要，从而建立起有价值的连接。

如何管理这么庞大的陌生人群呢？微信已经为大家想到了这个功能，就是贴标签进行分组管理，可以快速地让你定位微信好友所处的圈层、家乡、毕业学校、行业岗位等，同时可以标注你们是在什么场合认识的，你们谈论了什么有价值、未尽的话题，也方便自己随时检索，不至于张冠李戴，并且为下一步建立更深层的连接做好准备。

切换连接枢纽

每个人其实都是人际网络中的一个结点,如果像我奶奶那样,从未走出大山,也不会上网,那么她连接的就只有乡村中的左邻右舍。现在我们可以通过各种交通工具让自己日行千里,也可以通过互联网,来切换城市与国家,连接到更多不一样的人。

有个在广西银行工作的朋友很不喜欢自己日复一日地工作,感觉单调而乏味,她在一个读书群里接触到了很多在深圳生活的朋友,让她对这座城市有了很多的向往。在多次乘坐高铁参加深圳的线下活动,以及与不同的朋友深度交流后,她做出一个大胆的决定,辞去银行的工作来到了深圳生活,她连接的重心从广西的家乡转移到了深圳,这为她打开了另一种生活的可能性。每个城市都有自己的调性,如成都比较悠闲,深圳人则比较热衷打工搞钱,杭州是电商的集中地,大理会给人带来自由的感觉等,融入不同的城市生活,可以让我们接触到更多同频的人。

切换连接枢纽需要我们具备一定的灵活度与适应性,并且努力让自己成为某个小团体的枢纽。例如,我有写作圈、读书圈、心理圈、旅游圈、工作圈、人事圈、跑步圈、校友圈,而在不同的阶段可能参与活动的重心不同,在转行心理咨询之前可能更多是在工作圈以及人事圈,在转行之后我就切换到了心理圈、读书圈与写作圈。当我们觉得原来的圈子在价值观上不合拍,或者无法在这个圈子学到更多的东西、获得更多的价值时,就是需要切换连接枢纽的时候了。

在互联网上切换连接枢纽就变得更加便利了。很多的知识博主会通过抖音、微信视频号、小红书等公共平台引流,也就是把公域流量转化成私域流量，让自己成为粉丝的枢纽，比较开放的博主甚至鼓励粉丝们相互连接，进行合作，彼此成就。我最近加入了洋葱阅读法的创始人彭小六老师的读书社群，他就是通过视频号的付费课程把想要创办读书会的人们聚合在了一起，鼓励大家分享自己读书会运营的经验，帮助招募读书会成员，在成就他人的同时也让自己更有影响力。

构建人际关系网络

连接可以创造协同效应，帮助我们达成那些我们个人无法完成的事情，创造1+1>2的效果。你可以拥有在这个网络中的所有人的资源，也可以将那些看起来毫不相关的人连接起来。比如，某个EAP公司想要承接更多的项目，就需要有更多的心理专家来提供服务，而全职雇佣一位专家的人力成本非常高，并且工作量其实也并不能保证，他们就通过合作的方式，邀请专业人士参与进来，建立自己的人才库，在企业有需求的时候，就可以立即寻找到全国各地相匹配的人员来响应，集聚更多的人做更大的项目。作为EAP公司的负责人，通过这样的方式构建了一个达成某个目标的人际关系网络，创造了更大的收益。

在网络连接点上，连接他人的人也同样被他人连接。在我曾经举办的很多期电影写作训练营中，学员们在有了好的学习体验后，会推荐更多的人，并且邀请自己的朋友加入。学员也会把一些合适的培训项目推荐给我，让我有幸走进了大学校园对大学生们进行心理培训，还有的学员会推荐来访者来找我咨询。这样的团体连接，给我带来了很多的合作机会。这样的体验让我深深地感受到自己每一次的真诚分享，都是与他人建立连接的机会。

人与人的连接，会让自己变得更有力量，变得更强大。比如，我在跑步群里结识了一位律师，在遇到一些相对简单的法律问题时，可以向他寻求专业的法律意见；我的同学中有外科医生，在我的身体出现状况时，可以向她求助；在我生病时，我的保险顾问给了我很大的支持，她用自己经手的案例来安慰我，给了我很多专业上的帮助；当我因为疾病焦虑时，我自己的心理咨询师也表示在我需要她的时候，可以联系她。有了这些连接，遇到困难时，我可以不必自己一个人去扛。

如何将弱连接转化为强连接

遇到生命中的贵人需要缘分，而维持住一段关系则需要能力。其中包括一些技巧，如建立关系的能力、沟通的能力。技巧固然重要，但我认为重要的不是技巧，而是一个人的品质。

连接的力量源自向内与自己的连接

一个内在空洞的人很难遇见有趣的灵魂，因为他缺乏人格的鉴赏力，难以发现他人身上隐藏的魅力，或者能够吸引自己的地方。一个对自己不了解的人，往往很难对自己有一个较为客观的评价，要么自视甚高，对他人贬低，要么自我贬损，对他人讨好，这都不利于与他人建立深层的连接。

与自己的内在连接，是需要直面真实的自己，这时不得不面对自己的脆弱、无力、羞耻。

如何与自己连接呢？

首先，需要有自我意识，了解自己是谁，自己的信仰与价值观是什么，自己做事情的动机是什么。俗话说"道不同不相为谋"，如果在价值观上与他人有巨大的分歧，彼此之间的连接也不会走得太远。

其次，有自我认知，了解自己的优点与缺点、优势与劣势，以及自己的需求，这样才能在关系中互惠互利，获得满足感。

再次，具备较高的情商，具有同理心以及换位思考的能力，能管理好自己的情绪，这样才能与他人建立健康的连接。

然后，有自我关爱的能力，在连接中不会过度牺牲，因为有能力关爱自己的人，才有能力去爱别人。在连接中有边界感，不会以"为了你好"而过度地侵入他人的空间。

最后，具备反思的能力。了解关系中的互动模式，以及为什么会发生这样的互动，自己的需要是什么，自己在关系中应该负什么样的责任，等等。

能构建有深度关系的人具备的个性特点

自身是有价值的

在自己与他人连接时，要问问自己，自己能提供给别人什么样的价值，自己可以帮助别人达成什么样的目标。那些自身有能力、有资源的人往往会成为人人都想结交的对象。在建立自己的人际关系网络，尤其是向上社交时，需要自身有优于别人或者别人不具备的本领。我有个朋友小丹从事知识付费行业，她在知识上并不具备什么优势，但是她有很强的社群运营优势，并且成功地组织了好几场大型线下活动，这时很多知识博主都主动邀请她进入他们的社群，负责社群的运营，社群运营管理就变成了她的副业。

宽容

美国杜克大学精神病学家雷德福·威廉斯（Redford Williams）说过一句话："当我们不够宽容时，我们会觉得是别人的行为不当。"也就是当我们不够宽容时，会觉得整个世界都与自己为敌。那么，别人的行为就很容易引发自己的暴怒和敌意。一项长期的研究表明，那些宽容的人比那些充满敌意的人要长寿得多。

对他人宽容是不拘小节，不斤斤计较，不吹毛求疵，不随意评判别人，接纳别人的不完美。有的人好像对什么都看不惯，总是以高高在上的口吻指出别人的不足，让人下不来台，这样的关系就很难维持长久。宽容是给别人机会，也是给自己机会。

我有位朋友的版权课程在未经授权的情况下被人抄袭，最初他很愤怒，曾经想过要起诉侵权者，后来他觉得，有了盗版说明这门课程受欢迎，用这样的方式帮助到他人也是有价值的。同时为了防止别人再模仿剽窃，他促使自己不断迭代课程，让学员收获更多。通过这样的思考，他对自己的产品反而更加自信，因为课程的精髓与灵魂对方是抄不走的。因为他的宽容，反而聚集了更多跟随他的学员。

主动

很多人会说自己性格内向，结识陌生人很困难，很难主动开口。其实这背后往往是因为这"三不"：不愿、不敢、不会。不愿意主动去跟人打招呼，可能觉得这样自己很没面子，也没有意识到社交可以给自己真正带来的好处，不清楚做这件事情的意义是什么。不敢去主动连接他人，害怕被拒绝，拒绝会让自己脆弱的自尊再次受到伤害。而不会与陌生人打交道，是因为没有学会如何与陌生人建立关系的方法。一个人假如能够克服这"三不",就会变得更为主动。

真诚

人与人心灵的相遇,其实是在真实的关系中发生的。如果对他人真实与真诚,包容与接纳他人的缺点,我们就更容易建立起值得信赖的关系,赢得别人的尊重,并且可以卸下伪装,做真实的自己。

真诚最打动人心。真诚的人愿意表达自己的真实想法与感受,愿意为别人尽自己所能提供帮助,同时也能看到自己的局限性,做到言行一致。所以,在关系中做到坦诚,也是需要勇气的。一方面需要直面别人对我们不好的评价,诚恳地接受那些错误的地方;另一方面也愿意用恰当的语言婉转地指出别人的不足之处,而不会担心这样做会破坏彼此的关系,这才是真诚最难能可贵的地方。正是因为有这样的诤友,才能相互促进,共同成长与进步。

助人

如何让更多的人看见自己?是因为无私地分享与奉献,帮助的人越多,能提供的价值越多,别人就越愿意靠近。

最近听一位朋友弗兰克讲的销售课程,其中一个理念很触动我。他说我们推销一款产品,不是为了成交,而是为了帮助别人、成就别人,也就是发自内心地助人。我们建立关系也是一样,有价值可以被别人利用,这样才有可能在成就别人的同时成就自己。在知识付费的领域,最成功的商业模式往往是能帮助学员做出结果,通过厉害的学员的例子,来扩大自己的影响力。以助人为目的进行连接,才能创造更多的资源,资源就像蛋糕,是越做越大的。

不吝啬赞美

真诚的赞美,会让我们被看见、被肯定、被认可,而人与人的相遇,是期待遇见美好,不仅是看见别人的美好,更重要的是在别人眼中看见自己的美好。

剑桥大学心理学教授特丽·阿普特(Terri Apter)认为,人类从根本上是评判性的动物,他人的评判会给我们造成深刻的影响,也就是说大多数人都会在意别人对自己的评判。而正向的评判——赞美,就像补药一样,会让我们获得心灵的滋养,它会让我们在人际关系中获得自信心以及自我信赖感等。

因为我们渴望赞赏,所以,当我们看见别人身上有值得称赞的地方时,更要及时地给予正面的反馈,让夸奖恰到好处,这样就容易促进积极的人际关系。

用1 155人脉法则打造人脉黄金圈

1 155人脉法则包含了两个部分,第一部分是1 000个铁杆粉丝,以及第二部分的155个可以深度连接的人,如图4-2所示。

5个生命中最重要的人
50个关系比较近的人
100个身边资源型的人
1 000个铁杆粉丝

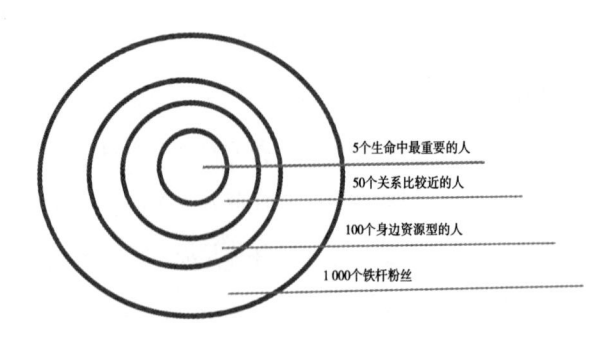

图4-2　1 155人脉法则

美国的作家、编辑、未来学家和技术思想家凯文·凯利（Kevin Kelly）在《技术元素》这本书中首次提到了"1 000个铁杆粉丝"的概念，主要指一个创作者只需要拥有1 000个真正愿意购买自己产品或者服务的粉丝，就可以实现谋生或者成功的目标。这个理论在互联网时代得到了充分验证。

从互联网自媒体的推荐算法来看，无论是抖音还是视频号，发布的内容首先是推荐给账号的粉丝，根据粉丝打开率以及完播率，平台评估这些内容的受喜爱程度，以此决定是否需要向更多的人推荐。假如这1 000个铁杆粉丝帮助点赞、收藏、评论或者转发，通常数据就不会太差。

"155"是美国著名人际专家朱迪·罗比内特（Judy Robinett）在《如何成为超级人脉高手》这本书中提到的"155黄金人脉圈"管理方法。人们因为精力有限，可以深度连接的人只有150个左右，这155个人包含了5个生命中最重要的人，如家人、密友、伴侣等，是人的情感支柱，处于黄金圈的最核心位置；50个关系比较近的人，包括同事、合作伙伴、好友等，他们给予自己帮助与支持，处于中间位置；100个身边资源型的人，如教师、同学、客户等这些潜在的合作对象，处在黄金圈的外围。有效管理好这155个人，便可拥有强大的人脉资源。正如我们前面提到的以陌生人这个漏斗作为入口，从弱连接转化成强连接，把80%的精力用在维护好20%的关系上，才能更高效地创造与维护好你的人脉资源。

每个人都是一座孤岛，但又渴望连接。连接力让我们不再孤单，可以从人际间获得满意的关系，满足情感需要，同时也可以助力我们创造更多的财富以及获得更大的成功，创造快乐与充实的人生。

影响力：言行、品格与态度，是最好的影响力

影响力是一种独特的魅力。同样的一句话，如果是有影响力的人说出来，这句话的分量就很不一样。那些受到影响的人，往往是在不知不觉中认同了有影响力的人，并且会自动自觉地去付诸行动向其靠近。

影响力又是一种传播力，它能够左右或者改变他人在群体里的心理和行为。虽然影响力看不见，摸不着，它的结果却可以被我们感知到。实际上，在当下的互联网时代，每个人都在用自身的某种特性去影响着他人，发挥着自己的影响力。

从小处来看，你喜欢读书，跟朋友在一起总是聊书上的内容，推荐一些好书给他们，慢慢地可能就会影响到身边的人，形成了一个阅读分享的圈子。从大处来看，电影导演可以通过一部电影，从中带出某种社会现象，引发人们的激烈讨论，造成很大的影响力，甚至会带来国家相关政策的改变。

例如，电影《我不是药神》中反映的社会问题，癌症患者面临

的用药以及经济上的困境。后来新的《中华人民共和国药品管理法》审议通过，对何为假药劣药，也做出重新界定，未经批准进口少量境外已合法上市的药品，情节较轻的，可以依法减轻或者免予处罚。同时，国家对抗癌药品进行医保谈判，17种抗癌药纳入医保，平均降价达到56.7%。电影中折射出来的大众普遍关心的问题被国家相关部门看见，并且进行了政策上的调整。

不过，有时影响力的边界可能是无限的，通过传播，一条爆炸性的新闻可能会颠覆人们的认知，在很短的时间内就触达千里之外。这就像蝴蝶效应，一只蝴蝶在巴西轻拍翅膀，可以导致一个月后得克萨斯州的一场龙卷风。也就是初始条件的微小变化，能带动整个系统长期且巨大的链式反应。

"水能载舟，亦能覆舟"，影响力一方面可以给我们带来很多积极的情绪，以及丰厚的回报，但另一方面也会经由一次危机事件，给企业或者个人带来一系列的连锁反应，让一个人的名誉扫地或者企业遭受灭顶之灾。如果能很好地利用这个事件进行危机公关，反而又会提升企业的商誉或者信用，重新获得群体的认可。

影响力的构成要素

作为个人来讲，第一个是个人的品格。被什么样的人吸引，跟自己的内在有关，如在他身上，看到了自己想要成为的样子，或者他身上的优秀品质是自己非常认可的。

我们讲一个人的人格魅力，往往是和这个人的人格本身有着非常直接的关联。例如，他能够做到以身作则，知行合一；他非常的谦逊、和蔼，具有很强的包容力；他勇于奉献，愿意自我牺牲等。而这底层的逻辑是，人们都期待一个公平、和谐、相互支持的社会群体，而具备这种品格的人恰恰是构建这种群体的带领者，用他们的人格魅力去影响别人。

第二个是一个人所具备的知识能力。例如，一个人在某个领域有很强的专业度，撰写了很多相关的论著，并且在权威的期刊上发表，有明显的成果展示，理论知识有理有据，有自己创新的东西，这些知识上的背书会让人愿意去相信他在专业上的权威性。

又如，某三甲医院的主任医师，具有30年的临床经验，成功治疗了上万的病人，那么他去科普某些健康知识就会有非常高的可信度，他在医学这个领域就会具有很强的影响力。在疫情期间，作为上海复旦大学附属华山医院感染科主任，他对于病毒的传播方式、预防以及病理等状况的科普知识就能被大众认可，在对于病毒有很多的未知与不确定的情境下，他的发声就具有非常强的影响力。

第三个就是情感因素。一个具有影响力的人如果能够表现出和蔼可亲，平易近人，甚至愿意自我暴露，去分享自己痛苦的经历，让人产生共鸣，可以给他人提供情绪价值，人们就会自然地与之建立某种亲近感。

例如，在一些重大灾害面前，某个电台的主持人在现场播报的时候声泪俱下，让人们感同身受。因为面对灾难与苦难，人们对于同类所遭遇的痛苦会通过镜像神经元产生共鸣，这时候如果发动大家一起为灾区捐款捐物，人们的行动力就会非常强。

另外，还有一种影响力是基于血缘、地缘、同行、同道等与此相关联的人所带来的影响力。尤其是在某些比较闭塞的环境中，人们更相信熟人，会生成一种文化、价值观，以获得适应性以及安全感。像陈忠实的小说《白鹿原》中所写的就是这种社会的缩影，在一个家族当中父亲，或者最德高望重的人，仿佛有着对家族成员的生杀大权，可以决定一个人的命运。

前面我们提到的都是非权力的影响力，而当影响力来自权力时，与这个人本身没有太大的关系，因为他的光环只不过是权力赋予的。

一位朋友曾经在一家非常著名的互联网公司工作，在这家公司担任非常重要的职务，他在网络上的发言代表的都是这个平台或者公司，具有极强的号召力。不过，当他离开这家公司之后，他发现离开了平台，自己的话语就变得毫无分量。之前他在工作中受到客户的尊重，以及殷勤的款待，但在离开这个位置之后发现人走茶凉，他的权力大多是机构、平台所赋予的，与他个人其实没有多少关系。

影响力的传播机制

从传播学的角度，影响力是如何发生作用的，内在有什么样的运作机制呢？

社会认同理论

古斯塔夫·勒庞在《乌合之众：大众心理研究》这本书中提到，我们在群体中很容易被别人影响，从而丧失了独立思考的能力，因为随大流或者是跟随社会的共识，会让我们感到非常的安全。人们尤其会相信或者去做自己身边人相信以及正在做的事情。

比如,在购买某个产品的时候,我们拿不定主意,会去翻看一下已经购买者对于产品的评价,如果绝大多数人对产品都是溢美之词,就会让我们更加容易产生购买行为;去一家不太熟悉的餐馆点菜,我们往往没有什么概念,这个时候店员就会推荐几道本店最受欢迎的菜,我们也会根据别人的意见行事。

另外,在购物现场,假如旁边的人积极地去支付费用,产生购买行为,就会产生旁观者效应,也就是在此情境下人们更习惯认同他人的行为,因为这样做的风险会更低。在某些情境下,因为我们本身对有些领域的知识不足,不具备选择与判断的能力,这时认同旁人往往可以降低我们的选择成本。

我们会无意识地选择思考的"捷径",也就是"专家说的都对""贵的就是好的""信得过的朋友肯定是没错的"。这似乎也是一种社会认同,认同可以让我们快速做出决策。

当然,在自己影响力还不够的情况下,往往也会采用借势或者借力的方式去扩大自己的影响力,提升自己的人气。作为一位不知名的小作者,我写了一本心理科普的书,本身读者很有限,当我邀请在心理学领域非常知名的几位老师为我这本书背书之后,它就产生了名人效应。读者会认为,在这个领域这么专业的心理专家们都认为这本书具有可读性,有价值,那么他们会基于对专家的社会认同,去考量、评判这是一本值得购买与阅读的书。

从众心理

当我们被群体所隔离、拒绝,不被群体接纳时,就会感觉孤独，会激发出被抛弃的恐惧。

有一个初中女孩的父亲曾经向我咨询，他说女儿想要买一部iPhone手机，这让自己很为难，不确定这是否真的有必要。女儿提出的理由是班上的同学每个人都有一部iPhone手机，所以自己也需要，这就是从众心理。因为孩子觉得别人都有而自己没有的时候，她会感觉到自己无法融入同学这个群体中，自己不够时髦，没有追随潮流。青少年对于群体的认同非常在意，所以他们会相互模仿，在语言上、服饰上和使用的物品上，甚至在玩的游戏上都期待跟他人一致，这样他们才有共同的语言、共同的话题，才能够建立某种情感上的连接。

有影响力的人可以利用人们的从众心理，有意或者无意地暗示别人来追随他，认同他的想法或观点，进行跟风炒作。例如，为了追热点，写文章时故意用一些非常夸张的标题来博眼球，激发人们的好奇心，让人去跟风。

曾经有人做过一个这样的心理实验，一个人站在大街上望向天空，路过的人以为有什么事情发生，也会驻足望向同一个地方。第一个人具有很强烈的诱导性，这引发了人们的好奇，其他人则会跟随，结果引发越来越多的人围观。所以，在某些情境下，第一个挺身而出的人往往会带动其他的人一起协力去做一件事情。例如，有一个人倒地受伤，大家担心自己被讹诈而不敢上前去施救，第一个人的行动就可以打破其他人内心的顾忌，而愿意一起参与救助。

从众心理背后还隐含着某种占便宜的心理，感觉别人都做了，如果自己不做，会很吃亏。当然还有面子思想作祟，如在一个场合中，别人都下单购买了，如果自己不买好像显得自己不识货，或者太小气，随大流不会让自己陷入比较尴尬的境地。

承诺与一致性

一个有影响力的人，或者一家企业在处事的行为方式上，通常能做到言行一致，也就是对自己的行为负责。前段时间出现过一场风波，某心理机构在课程的招募文案中夸大了学习这个课程之后的收获，并且承诺学员在完成之后可以入驻他们的平台。然而在课程结束之后，学员们发现主办方根本就无法做到自己的承诺，感觉自己上当受骗，不断地写小作文，通过各种自媒体曝光整个事件，并且要求课程主办方退费。这种承诺与实际上的不一致给机构带来了非常不良的影响，让人们对这家机构产生了信任危机。那么，在下次招生时，他们的文案无论怎么写，都很难有说服力。

正是因为承诺比金子还重要，所以我们更应该对承诺保持谨慎的态度。最重要的是看见自己的局限之处，才能做出有效的承诺，或者适度的承诺，这样反而会给人一种真诚的感觉。

在做出承诺时要量力而行，给自己留有余地，保持某种弹性，这样才不会让自己的名誉受损。因为环境总是在变化的，我们也会面临很多的不确定性，如果把话说得太死，讲得太满，则会把自己放在一个非常被动的位置。不过，一旦做出承诺就要努力为此承担起责任，即便是无法兑现承诺也应该坦诚地告知现状，而不是用推诿、掩饰、否认、回避等方式来对待。

在购物时，我们都愿意选择"7天无理由退换货"的商家，有些商家为了促成销售，甚至会送运费险，销售化妆品的商家还会送样品试用，如果不满意可以将货品退回。还有的商家会劝导买家一次性购买同一款式的商品三种不同的颜色拿回去试穿，将不合适的退回。这些做法都在打消消费者的顾虑，为保障消费者的利益做出承诺。

我有一位朋友，因为一直有一个写书的梦想，只不过迟迟无法落实到行动上。他后来决定在朋友圈宣布，保证在60天之内完成这本书的写作，如果朋友们愿意购买，可以提前支付购书费用。发朋友圈就是一个见证的过程，如果他不履行承诺，将会让自己信誉扫地，用这样的方式去逼自己一把，不仅给这本书提前做了宣传，也实实在在地让朋友们见证了他的人品。

另外，我们还可以用承诺与一致性去影响别人做出决定。如果说你准备安排早上6点开会，这听起来是一件很夸张的事情。假如我们这样问：早上6点有个会议，你是否参加？如果不是硬性规定，大多数人可能会被这个时间吓到，第一时间就会拒绝。如果我们换个问法：有个有关提升下季度销售业绩的会议，你是否参加？对方一般都不会太过犹豫。等对方做出承诺之后，再告诉他参会的时间是早上6点，这时对方就不好意思再拒绝了。

光环效应

我们每个人都期待自己变得强大，有成就、有价值，有的人还期待自己拥有名气、地位、高学历及受人尊敬的职业等，这些就是一个人所拥有的光环。

距离可以制造光环，它让人们保持着某种神秘感。知识付费领域的网络大V"剽悍一只猫"就跟其他做个人IP的人很不一样，他是一个"隐身人"，在任何公开场合都不露面，包括他们团队组织的线上或者线下活动，他永远都是在幕后。这反而有了某种神秘的光环，让人们对他充满了想象，避免了理想破灭的可能性。同时，神秘感也会激发人们内在偷窥、好奇的心理动机，反而让他的表达更具有说服力。

光环效应很大程度上取决于我们内在的心理投射。因为对一个人不了解，就会有很多认知上的空白，而这些空白往往可用我们自身投射的想象去填补，这可以满足我们的某种期待，或者将我们欣赏的某种特质无意识地安插在了这个有光环的人身上。

电影导演王家卫在任何公共场合都戴着墨镜，你永远看不到他摘下墨镜的样子，这也成为他的个人标签。在室内戴着墨镜显得突兀，但又可以掩藏住心灵的窗户，让人们无法洞悉他的内心，永远与公众之间保留着某种距离。墨镜让他极具辨识度，呈现了他身上某种与众不同的特质。

当然，王家卫身上的这个特质，让我联想到，建立一个个人IP也可以利用这一点，如使用某些小道具来制造与众不同的效应，让人们将某个有特点的物品与你的人设关联起来。

当然了，光环还包括一个人所拥有的财富，证明他过去是成功的；他有很高的学历，证明他的学习能力是足够强的；他有多样的兴趣爱好，证明这个人是灵活性很高的等。

人们会不自觉地想要靠近那些成功的人、有学识的人、乐观的人、有活力的人，并且希望受到他们的影响，未来也可以成为他们那样的人，或者能够从他们身上学习到某种成功的路径。

喜好效应

为什么美容业经年不衰呢？这背后实际上有个简单的逻辑，那就是美貌是可以创造经济价值的，在这里并不是对性别的贬低，其实，无论对于男性还是女性，不得不说美丽是一种生产力。

美貌经济学指出，一个人的美貌和成功有着必然的关系。有人会认为以貌取人是肤浅的、不公平的。但研究发现，美貌和健康、智慧有着必然的联系，而且有助于为个人或者公司创造更多的效益。以貌取人虽然很肤浅，但却是进化赋予人类的本能。

有位朋友跟我聊天，谈到自己在年前做了一个重要的决定，她去做了整容。她说整容之后自己的生活果真变得跟以前很不一样了，她发现周围的人对她更友好，面试的时候似乎机会也比以前多了。你看，一个漂亮的人的确会给人带来很好的印象，甚至因为漂亮，人们对一个人的容忍度、宽容度也会提高。

实际上，我们在与外界打交道时，哪怕只是与对方接触一次，也会以貌取人。这种由形象导致的偏见，会影响别人对我们的喜好程度。所以，如何在开口之前就给别人留下好印象，留下一个非常让人喜欢的自我形象，会直接影响我们与他人沟通的效率。

一位形象设计专家曾经对美国财富排行榜Top300中的100人进行过问卷调查，结果表明，97%的人认为，如果一个人的外表非常有魅力，那么他在公司里会有很多的升迁机会，93%的人表示自己会因为求职者在面试时穿着不得体而不予录用。

形象本身传递的是一种非语言的信息，而微笑是建立好感非常重要的方式。以法国神经病学家杜兴·德·布伦（Guillaume-Benjamin-Amand Duchenne de Boulogne）命名的"杜兴微笑"，是来自这样的一个研究。心理学家可以根据一个女人的"杜兴微笑"来预测她是否会结婚并且婚后是否会幸福，那些拥有真诚微笑的女性一般来说更可能结婚，并能长期维持婚姻，在以后的30年里也会过得比较如意。相貌我们可能无法改变，或者我们不愿意通过人工去改变，但可以通过我们的行为，如微笑或者肢体动作来增加别人对我们的好感。

通过喜好效应传递影响力，也就是让人认识到我们有合作的态度，尽量使用与对方同频的语言。例如，某个内地的教授去香港大学演讲，为了跟学生们拉近距离就讲了几句自己现学的粤语，就很快与学生建立起了好感。另外在沟通过程中，我们要投其所好，让对方感觉到自己很重要、受尊重，这样也会迅速拉近彼此的距离。

很多人认为自己不会以貌取人，认为内在美才是最重要的，而实际上人们总是根据外表，也就是某种印象来判断对方是否值得信赖，而且第一印象一旦形成就不会轻易改变。在形成印象时，65%的信息都来自非语言的交际，而这些非语言的交际，具有对语言进行补充、强调、重复调节等功能。从某种程度上来说，非语言的信息，如坦诚的态度、对他人的喜欢与善意，可以在某种程度上弥补我们在语言上的匮乏。

稀缺原理

稀缺原理在商业中运用非常广泛。例如，苹果公司就是利用稀缺原理进行饥饿营销：在苹果手机上市之前制造一些悬念，在苹果手机的产品发布会上介绍新的功能，需要的订货周期比较长，而且在新款发布后果粉们需要排长龙才能买到心仪的手机，造成一机难求的状况,这都会给人们造成某种紧迫感,让果粉们疯狂追捧。

稀缺让人感觉非常金贵,也就是制造出了失去的焦虑,让人们害怕错过这难得的机会。日本有一家非常著名的面馆"大胜轩",他的主理人山岸一雄先生秉承着一生只做一碗面的理念,每天只工作4小时,卖200碗面,卖完就关门。即便外面有人排队,他们都不再营业,这就会让人感觉害怕错失,对于可以得到的也会觉得珍贵。

最近在抖音上看直播卖货也会发现,商家常常会使用稀缺效应来促成用户立即行动。例如,在某个产品讲解完之后5分钟之内立即下架,或者显示库存告急,又或者在解说时讲到数量非常有限,强调这样的优惠力度是绝无仅有的,这都会让人感觉到产品的稀缺性,利用人们的损失厌恶心理来促使他们立即做出购买决定。

个人IP在本质上也是一种稀缺性,因为你是这个世界上独一无二的人,能提供的知识、资源或者价值也是独一无二的。所以如果当自我定位非常精准的时候,那么在细分的领域中,你就是那个唯一。即便别人模仿,也无法超越你。

想要打造自己的影响力,就需要用到稀缺原理,让自己成为这个世界上独一无二的人。我做电影写作训练营,虽不是资深的电影研究者,也不算是一个非常有名的作家,且在这两个领域我都不会显得非常突出或者特别,但当我把这二者结合起来,结合我心理团体中的经验,用我极大的耐心去对每一位学员书写的内容进行真诚的反馈时,我的这个产品,包括我这个有温度的人就变得独一无二了。

如何利用个人品牌提升个人影响力？

第一，诚信是影响力的砝码。在一个人的品格中，谦逊、正直、善良和乐观，包括承诺与一致性，都是建立诚信的基础。对自己诚实往往更为重要。在《共情的力量：情商高的人，如何抚慰受伤的灵魂》这本书中，作者亚瑟·乔拉米卡利和凯瑟琳·柯茜把诚实定义为能够清楚地看待自己，准确地理解他人，并能以敏感的、不伤害他人的方式进行沟通的能力。最终决定我们是否信任一个人，不是看他说了什么，而是看他做到了什么。

第二，情绪稳定，心态阳光，并且具有某种松弛感。在这个令人无比焦虑的时代，人们更愿意看到某种松弛的状态，而不太愿意被焦虑所控制。不过，话说回来，在稀缺原则上传递某种影响力，实际上就是在某种程度上制造焦虑。但是，在处事的态度上保持着某种松弛感，遇事更加淡定，也会让人感到安全与信任。

第三，高情商，就是需要具备很强的情绪管理能力，遇事不慌乱，遭遇困难时能够积极解决问题，而不是逃避问题，推卸责任。例如，在团队遭遇重大事件时，自己可以成为主心骨，可以做出决断，而不是被情绪所控制。

第四，意志力，也就是永不放弃的精神。成功的人往往对自己够狠，这样也更容易出成果。《人生效率手册》的作者张萌曾经做到了坚持17年每天早上5点起床，开始读书学习；连续23年记日记，每日自省；连续15年坚持使用效率手册，规划自己的时间，这背后推动她的就是意志力。试问有几个人可以做到她这样？这种坚持的力量就会影响别人来跟随她。

扩大影响力的渠道

写作是一种传播影响力最经济、最直接的渠道。再小的个体都是IP，每个人都可以用自己的一支笔去发声来影响身边的人，哪怕是发一条朋友圈、转发一篇文章、写一本书，都可以传递自己的观点、思想，发挥自己的影响力。

演讲也是扩大自己影响力的渠道。从一个小型的读书会开始，我们分享一本书，每一次发言都是展示自己的好机会。

《即兴演讲：掌控人生关键时刻》的作者朱迪思·汉弗莱（Judith Humphrey）是在美国康涅尼格州的一个小镇长大的，她一直想要去看一看外面的世界，寻找一个更大的舞台。从音乐工作到高等教育，再到企业管理，直至创立自己的公司，一次次地变换着舞台，她变得更加坚定、自信和直言不讳。正是演讲让她获得了蜕变。

发表意见是所有人与生俱来的权利。演讲就是勇敢地站上舞台，把自己放在了舞台中间，它会给自己的职业生涯和生活带来巨大的改变。

短肢畸形患者、澳大利亚人尼克·胡哲在公众场合讲述着自己的故事，演讲成为他的事业，使他收获了丰厚的财富与影响力，他的励志故事也影响了一个又一个处在人生迷茫与绝望中的人们。一个没有四肢的人，可以取得如此大的成就，那作为一个身体健康的人，又有什么理由去抱怨命运的不公呢？这会给我们的内心带来无比巨大的力量。

另外，制造一个个人标签。比如，我是一名心理心理咨询师，我在我的朋友圈经常会分享一些有关心理学的知识，以及在来访者身上所获得的某些感悟，我会呈现我所做的一些工作，包括取得的一些成就，这样别人就知道我是干什么的了。

当有人需要心理咨询时，他们首先就会想到我，把我推荐给有需要的人。曾经有过很多次经历，我一早发了一条朋友圈，之后就有人主动跟我联系预约咨询。或许他们一直很犹豫，内心挣扎了很长时间，当时写的某句话触动了他们，让他们下定了决心做出了行动。

有了个人标签之后，可以利用社交媒体帮助我们放大自己的影响力。现在，即便是一个家庭主妇，在社交媒体上分享自己的日常生活，也会吸引到很多人来关注。在这个过程中，她可以去传递自己的价值观以及生活态度，来扩大自己的影响力。

同时，让自己的价值增值。只有给别人提供价值，才能更有效地传递影响力。比如，在工作岗位上，我们可以给自己的客户提供更好的服务，对自己的同事提供支持与协助，超越领导的期待，这都会给自己带来一个好的口碑，为未来的发展打下坚实的基础。我有位朋友过去在工作中一直都非常认真负责，得到了领导和同事们的肯定与欣赏。他在离职后，原单位的同事、领导都很愿意推荐一些新的工作机会给他，并且愿意为他的工作能力背书，从而拓展了他职业选择的渠道。

关于扩大影响力的路径，我们也可以找一些榜样，列出榜样清单，去学习他们是如何一步步扩大自己的影响力的。我身边就有朋友开始做短视频，在视频号上直播，每天下午2：00雷打不动地开播，甚至出差在外地还尝试在户外开播。最初她的直播间只有几十人次浏览，在线人数只有个位数，在坚持开播两个月之后，现在每场居然达到了1 500人次。这就是一个很好的例子。不管背后是否有光环，只要坚持把这件事情做下去，就会收获属于自己的影响力。

心理圈最大的IP武志红老师，就是从写心理学的科普文章起步的。他的文章很接地气，尤其是文章中引用的案例，就像是自己身边发生的事情一样。他会将一些心理学的理论贯穿于故事中，让很多人觉得读了他的文章很有收获，就更愿意将有价值的东西分享出去。后来武志红老师创办了自己的心理工作室，后期又与得到App合作，不断产出，形成了影响力的叠加，写文章、写书、演讲、做课程、直播，通过不同的方式、不同的渠道来传播，让更多的人了解心理学，认识了武志红老师。

成为一个有影响力的人，可以先梳理一下自己所拥有的资源、天赋、能力与爱好，看看自己可以持续输出具有什么价值的内容，可以满足别人什么样的需要，从自己的身边人开始，按照前面提到的"1 155人脉原则"去连接更多的人，发挥自己影响世界的能力。

参考文献

[1] 丹尼尔·列维汀. 有序：关于心智效率的认知科学[M]. 北京：中信出版集团，2018.

[2] 丹尼斯·博伊德，海伦·比. 发展心理学：孩子的成长[M]. 北京：机械工业出版社，2013.

[3] 唐纳德·温尼科特. 婴儿与母亲[M]. 北京：北京大学医学出版社，2016.

[4] 凯利·麦格尼格尔. 自控力[M]. 北京：文化发展出版社，2012.

[5] 王倩倩. 上瘾的真相[M]. 北京：华夏出版社，2016.

[6] Waddell M. 内在生命：精神分析与人格发展[M]. 北京：中国轻工业出版社，2017.

[7] 阿尔·西伯特. 抗逆力养成指南：如何突破逆境，成为更强大的自己[M]. 北京：机械工业出版社，2021.

[8] 格雷格·S.里德. 恰到好处的挫折[M]. 北京：北京时代华文书局，2015.

[9] 谢丽尔·桑德伯格. 另一种选择[M]. 北京：中信出版社，2017.

[10] 乔·欧文. 韧性思维：培养逆商、低谷反弹、持续成长[M]. 北京：人民邮电出版社，2021.

[11] 劳伦斯·科恩. 游戏力[M]. 北京：中信出版社，2022.

[12] 王水照. 苏轼传[M]. 北京：人民文学出版社，2019.

[13] 张宏杰. 曾国藩传[M]. 北京：民主与建设出版社，2019.

[14] 阿尔约沙·诺伊鲍尔. 做自己擅长的事还是喜欢的事[M]. 北京：北京联合出版公司，2022.

[15] 维克多·弗兰克. 生命的探问[M]. 北京：人民邮电出版社，2021.

[16] 塞缪尔·斯迈尔. 责任[M]. 北京：电子工业出版社，2011.

[17] 安东尼奥·达马西奥. 当感受涌现时[M]. 北京：中国纺织出版社，2022.

[18] 亚瑟·乔拉米卡利，凯瑟琳·柯茜. 共情的力量：情商高的人，如何抚慰受伤的灵魂[M]. 北京：中国致公出版社，2018.

[19] 丹尼尔·戈尔曼. 情商[M]. 北京：中信出版社，2018.

[20] 瑞秋·卡尔顿·艾布拉姆斯. 与身体对话[M]. 北京：北京联合出版公司，2018.

[21] 卡特琳·佐斯特. 高度敏感的力量[M]. 成都：四川人民出版社，2019.

[22] 米哈里·契克森米哈赖. 心流[M]. 北京：中信出版社，2017.

[23] 爱德华·哈洛韦尔，约翰·瑞提. 分心不是你的错[M]. 太原：山西教育出版社，2011.

[24] 卡尔·纽波特. 深度工作[M]. 南昌：江西人民出版社，2017.

[25] 莉尔·朗兹. 如何让你爱的人爱上你[M]. 北京：新世界出版社，2011.

[26] 丹尼尔·戈尔曼. 专注[M]. 北京：中信出版社，2015.

[27] 吉姆·奎克. 无限可能[M]. 北京：人民邮电出版社，2020.

[28] 李忠秋. 结构思考力[M]. 北京：电子工业出版社，2014.

[29] 大石哲之. 靠谱[M]. 南昌：江西人民出版社，2017.

[30] 芭芭拉·明托. 金字塔原理[M]. 北京：民主与建设出版社，2002.

[31] 麦克伦尼. 简单逻辑学[M]. 杭州：浙江人民出版社，2013.

[32] 刘润. 底层逻辑[M]. 北京：机械工业出版社，2021.

[33] 许荣哲. 小说课[M]. 北京：中信出版社，2016.

[34] 谢丽尔·斯特雷德. 走出荒野[M]. 北京：北京联合出版公司，2018.

[35] 万维钢. 高手[M]. 北京：电子工业出版社，2017.

[36] 斋藤孝. 规划力[M]. 南昌：江西人民出版社，2018.

[37] 维维克·拉纳戴夫，凯文·梅尼. 预见力[M]. 上海：上海财经大学出版社，2012.

[38] 塞西莉·萨默斯. 预见的力量[M]. 北京：中信出版社，2013.

[39] 丹尼尔·卡尼曼. 思考的快与慢[M]. 北京：中信出版社，2012.

[40] 丹尼斯·韦特利. 成功心理学：发现工作与生活的意义[M]. 北京：北京联合出版公司，2016.

[41] 塞德希尔·穆莱纳森. 稀缺[M]. 杭州：浙江人民出版社，2014.

[42] 斯科特·考夫曼. 绝非天赋：智商、刻意练习与创造力的真相[M]. 杭州：浙江人民出版社，2017.

[43] 米哈里·希斯赞特米哈伊. 创造力：心流与创新心理学[M]. 杭州：浙江人民出版社，2015.

[44] 凯娜·莱斯基. 创造力的本质[M]. 北京：北京联合出版公司，2020.

[45] 王可越. 创新化生存：如何将不安的焦虑转化为创造的动力[M]. 北京：北京日报出版社，2019.

[46] 史蒂芬·柯维. 高效能人士的七个习惯[M]. 北京：中国青年出版社，2018.

[47] 拉里·博西迪. 执行：如何完成任务的学问[M]. 北京：机械工业出版社，2016.

[48] 克里斯·麦克切斯尼，肖恩·柯维，吉姆·霍林. 高效能人士的执行4原则[M]. 北京：中国青年出版社，2013.

[49] 夏靓. 引爆执行力：16项高效技能加身，一站式持续增值[M]. 北京：中国友谊出版公司，2020.

[50] 姚予. 执行力[M]. 北京：中华工商联合出版社，2007.

[51] 张弛. 告别拖延症，提升执行力[M]. 北京：中国商业出版社，2016.

[52] 安娜·威廉姆森. 焦虑型人格自救手册：如何在焦虑的狂风巨浪中成功脱险[M]. 北京：北京日报出版社，2019.

[53] 斋藤孝. 输出力[M]. 杭州：浙江文艺出版社，2021.

[54] 肯·布兰佳. 知道做到[M]. 广州：广东经济出版社，2015.

[55] 尾藤克之. 输出式阅读法[M]. 北京：台海出版社，2022.

[56] 西冈一诚. 高分读书法[M]. 北京：人民邮电出版社，

2019.

[57] 尹红心，李伟. 弗曼学习法[M]. 南京：江苏凤凰文艺出版社，2021.

[58] 奥野宣之. 如何阅读一本书[M]. 南昌：江西人民出版社，2016.

[59] 詹姆斯·霍利斯. 中年之路：人格的第二次成型[M]. 杭州：浙江大学出版社，2022.

[60] 比尔·博内特. 人生设计课[M]. 北京：中信出版社，2017.

[61] 比尔·博内特. 设计你的工作和人生[M]. 北京：中信出版集团，2021.

[62] 维克多·E. 弗兰克尔. 何为生命的意义[M]. 北京：天地出版社，2020.

[63] 海因茨·科胡特. 自体的重建[M]. 北京：世界图书出版公司，2015.

[64] 苏珊·福沃德. 情感勒索[M]. 成都：四川人民出版社，2018.

[65] 罗纳德·B. 阿德勒. 沟通的艺术[M]. 北京：北京联合出版公司，2017.

[66] 尼基·斯坦顿. 沟通圣经[M]. 北京：北京联合出版公司，2015.

[67] 马歇尔·卢森堡. 非暴力沟通[M]. 北京：华夏出版社，2009.

[68] 朱迪斯·莱特. 如何正确吵架[M]. 北京：中国华侨出版

社，2019.

[69] 盖瑞·查普曼. 爱的五种语言[M]. 北京：中国轻工业出版社，2006.

[70] 莫拉格·巴雷特. 精简社交[M]. 北京：北京日报出版社，2018.

[71] 山本昭生. 换位沟通[M]. 北京：人民邮电出版社，2020.

[72] 威廉·格拉瑟. 选择理论[M]. 南昌：江西人民出版社，2017.

[73] 达纳·卡斯帕森. 解决冲突的关键技巧：如何增加你的有效社交[M]. 北京：九州出版社，2016.

[74] 黛博拉·泰南. 听懂另一半[M]. 上海：上海文化出版社，2021.

[75] 特丽·阿普特. 赞扬与责备[M]. 贵阳：贵州人民出版社，2020.

[76] 米奇·普林斯汀. 欢迎度：引爆个人成功与幸福的人气心理学[M]. 北京：北京联合出版公司，2017.

[77] 理查德·科克. 破圈：弱连接的力量[M]. 北京：中国友谊出版公司，2022.

[78] 杨珑颖. 连接的力量[M]. 北京：北京理工大学出版社，2016.

[79] 康妮. 如何结交比你更优秀的人[M]. 北京：中信出版社，2019.

[80] 刘 Sir. 连接力：社交时代的个体生存法则[M]. 石家庄：花山文艺出版社，2020.

[81] 基思·法拉奇. 别独自用餐[M]. 北京：北京时代华文书局，2016.

[82] 罗伯特·西奥迪尼. 影响力[M]. 北京：北京联合出版公司，2021.

[83] 朱迪思·汉弗莱. 即兴演讲：掌控人生关键时刻 [M]. 北京：人民邮电出版社，2020.

[84] 戴尔·卡耐基. 影响力的本质[M]. 北京：海峡文艺出版社，2003.

[85] 胡渐彪. 松弛感[M]. 北京：中信出版集团，2023.

[86] 徐悦佳. 影响力变现[M]. 哈尔滨：北方文艺出版社，2019.